今すぐ使えるかんたんmini

Imasugu Tsukaeru Kantan mini Series

PowerPoint 2016 基本技

技術評論社

本書の使い方

- 画面の手順解説だけを読めば、操作できるようになる！
- もっと詳しく知りたい人は、補足説明を読んで納得！
- これだけは覚えておきたい機能を厳選して紹介！

特長 1
機能ごとにまとまっているので、「やりたいこと」がすぐに見つかる！

● 基本操作
赤い矢印の部分だけを読んで、パソコンを操作すれば、難しいことはわからなくても、あっという間に操作できる！

パソコンの基本操作

- 本書の解説は、基本的にマウスを使って操作することを前提としています。
- お使いのパソコンのタッチパッド、タッチ対応モニターを使って操作する場合は、各操作を次のように読み替えてください。

1 マウス操作

▼ クリック（左クリック）

クリック（左クリック）の操作は、画面上にある要素やメニューの項目を選択したり、ボタンを押したりする際に使います。

マウスの左ボタンを1回押します。

タッチパッドの左ボタン（機種によっては左下の領域）を1回押します。

▼ 右クリック

右クリックの操作は、操作対象に関する特別なメニューを表示する場合などに使います。

マウスの右ボタンを1回押します。

タッチパッドの右ボタン（機種によっては右下の領域）を1回押します。

▼ ダブルクリック

ダブルクリックの操作は、各種アプリを起動したり、ファイルやフォルダーなどを開く際に使います。

| マウスの左ボタンをすばやく2回押します。 | タッチパッドの左ボタン（機種によっては左下の領域）をすばやく2回押します。 |

▼ ドラッグ

ドラッグの操作は、画面上の操作対象を別の場所に移動したり、操作対象のサイズを変更する際などに使います。

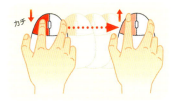 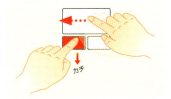

| マウスの左ボタンを押したまま、マウスを動かします。目的の操作が完了したら、左ボタンから指を離します。 | タッチパッドの左ボタン（機種によっては左下の領域）を押したまま、タッチパッドを指でなぞります。目的の操作が完了したら、左ボタンから指を離します。 |

📝 Memo

ホイールの使い方

ほとんどのマウスには、左ボタンと右ボタンの間にホイールが付いています。ホイールを上下に回転させると、Webページなどの画面を上下にスクロールすることができます。そのほかにも、[Ctrl]を押しながらホイールを回転させると、画面を拡大／縮小したり、フォルダーのアイコンの大きさを変えたりできます。

2 利用する主なキー

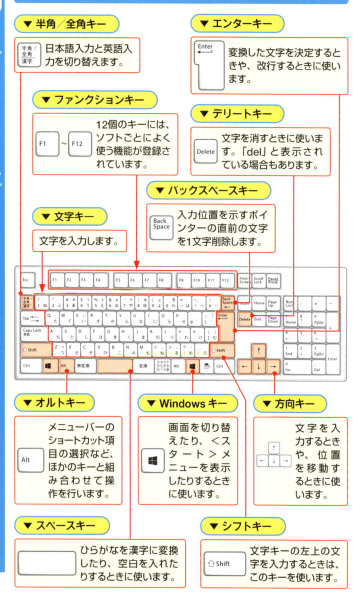

▼ 半角/全角キー
日本語入力と英語入力を切り替えます。

▼ エンターキー
変換した文字を決定するときや、改行するときに使います。

▼ ファンクションキー
12個のキーには、ソフトごとによく使う機能が登録されています。

▼ デリートキー
文字を消すときに使います。「del」と表示されている場合もあります。

▼ バックスペースキー
入力位置を示すポインターの直前の文字を1文字削除します。

▼ 文字キー
文字を入力します。

▼ オルトキー
メニューバーのショートカット項目の選択など、ほかのキーと組み合わせて操作を行います。

▼ Windows キー
画面を切り替えたり、<スタート>メニューを表示したりするときに使います。

▼ 方向キー
文字を入力するときや、位置を移動するときに使います。

▼ スペースキー
ひらがなを漢字に変換したり、空白を入れたりするときに使います。

▼ シフトキー
文字キーの左上の文字を入力するときは、このキーを使います。

3 タッチ操作

▼ タップ

画面に触れてすぐ離す操作です。ファイルなど何かを選択するときや、決定を行う場合に使用します。マウスでのクリックに当たります。

▼ ダブルタップ

タップを2回繰り返す操作です。各種アプリを起動したり、ファイルやフォルダーなどを開く際に使用します。マウスでのダブルクリックに当たります。

▼ ホールド

画面に触れたまま長押しする操作です。詳細情報を表示するほか、状況に応じたメニューが開きます。マウスでの右クリックに当たります。

▼ ドラッグ

操作対象をホールドしたまま、画面の上を指でなぞり上下左右に移動します。目的の操作が完了したら、画面から指を離します。

▼ スワイプ／スライド

画面の上を指でなぞる操作です。ページのスクロールなどで使用します。

▼ フリック

画面を指で軽く払う操作です。スワイプと混同しやすいので注意しましょう。

▼ ピンチ／ストレッチ

2本の指で対象に触れたまま指を広げたり狭めたりする操作です。拡大（ストレッチ）／縮小（ピンチ）が行えます。

▼ 回転

2本の指先を対象の上に置き、そのまま両方の指で同時に右または左方向に回転させる操作です。

サンプルファイルのダウンロード

- 本書で使用しているサンプルファイルは、以下のURLのサポートページからダウンロードすることができます。ダウンロードしたときは圧縮ファイルの状態なので、展開してから使用してください。

```
http://gihyo.jp/book/2016/978-4-7741-7841-7/support
```

▼ サンプルファイルダウンロードする

1 ブラウザー(ここではMicrosoft Edge)を起動します。

2 ここをクリックしてURLを入力し、Enterを押します。

3 表示された画面をスクロールし、<ダウンロード>にある<サンプルファイル>をクリックすると、ダウンロードが始まります。

4 ダウンロードが終了したら、<開く>をクリックします。

▼ ダウンロードした圧縮ファイルを展開する

1 デスクトップ画面でファイルが開くので、表示されたフォルダーをクリックし、

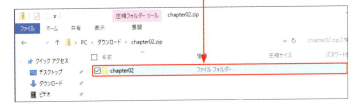

2 ＜圧縮フォルダーツール＞の＜展開＞タブをクリックして、

3 ＜デスクトップ＞をクリックすると、

4 ファイルが展開されます。

サンプルファイルのファイル名には、Section番号が付いています。「15_01.pptx」というファイル名はSection 15のサンプルファイルであることを示しています。また、「15_01after.pptx」のようにファイル名のあとに「after」の文字があるファイルは、操作後のファイルです。なお、Sectionの内容によってはサンプルファイルがない場合もあります。

CONTENTS 目次

第1章 PowerPoint 2016の基本

Section 01 PowerPointとは? ……18
- プレゼンテーション用の資料を作成する
- プレゼンテーションを実行する
- 1枚書類を作成する

Section 02 PowerPoint 2016を起動・終了する ……20
- PowerPoint 2016を起動する
- PowerPoint 2016を終了する

Section 03 PowerPoint 2016の画面構成 ……22
- PowerPoint 2016の基本的な画面構成
- スライドの表示を切り替える

Section 04 PowerPoint 2016の表示モード ……24
- 表示モードを切り替える
- 表示モードの種類

Section 05 リボンの基本操作 ……26
- タブを切り替える
- ダイアログボックスを表示する
- リボンをカスタマイズする

Section 06 操作を元に戻す・やり直す ……30
- 操作を元に戻す・やり直す
- 操作を繰り返す

Section 07 プレゼンテーションを保存する ……32
- 名前を付けて保存する
- PDF形式で保存する

Section 08 プレゼンテーションを開く・閉じる ……36
- プレゼンテーションを閉じる
- プレゼンテーションを開く

第2章 スライド作成の基本

Section 09 プレゼンテーションを新規作成する·················40
テーマを選択する
バリエーションを選択する

Section 10 テキストを入力する·················42
アウトライン表示モードでスライドタイトルを入力する
アウトライン表示モードでテキストを入力する
段落レベルを変更する
プレースホルダーに文字列を入力する

Section 11 テキストの書式を設定する·················46
フォントを変更する
フォントサイズを変更する
フォントの色を変更する
段落の配置を変更する

Section 12 行頭文字を変更する·················50
行頭文字の種類を変更する
段落に連続した番号を振る

Section 13 タブとインデントを利用する·················52
ルーラーを表示する
タブ位置を設定する
インデントを設定する

Section 14 すべてのスライドに日付や会社名を挿入する·········56
フッターを挿入する

Section 15 スライドをコピー・挿入する·················58
スライドを複製する
新しいスライドを挿入する
スライドのレイアウトを変更する

Section 16 スライドを移動・削除する·················62
スライドを移動する
スライドを削除する

CONTENTS 目次

Section 17 スライドのデザインを変更する······64
テーマを変更する
配色を変更する

Section 18 スライドマスターを利用する······68
スライドマスターを表示する
すべてのスライドの書式を変更する
テーマとして保存する

第3章 オブジェクトの利用

Section 19 タイトルに効果を加える······72
テキストにワードアートスタイルを適用する
ワードアートの色を変更する
ワードアートに効果を設定する

Section 20 画像やビデオを挿入する······76
パソコンに保存されている画像を挿入する
スクリーンショットを挿入する
ビデオを挿入する

Section 21 画像を編集する······80
画像をトリミングする

Section 22 ビデオを編集する······82
ビデオをトリミングする

Section 23 オーディオファイルを挿入する······84
オーディオを挿入する

Section 24 線や図形を描く······86
図形を作成する
直線を描く
曲線を描く
2つの図形を連結する

Section 25 図形を編集する ……………………………………… 90
図形を移動する
図形をコピーする
図形の大きさを変更する
図形の形状を変更する
図形を回転する
図形を反転する

Section 26 図形の色を変更する ……………………………… 96
図形の塗りつぶしの色を変更する
図形にスタイルを設定する
図形に効果を設定する

Section 27 図形に文字列を入力する ……………………………… 100
作成した図形に文字列を入力する
テキストボックスを作成して文字列を入力する

Section 28 複数の図形を操作する ……………………………… 102
重なり合った図形の順序を変更する
複数の図形を等間隔に配置する
複数の図形をグループ化する

Section 29 図を作成する ……………………………………… 106
SmartArtを挿入する
SmartArtに文字列を入力する
図形を追加する

Section 30 表を作成する ……………………………………… 110
表を挿入する
セルに文字列を入力する

Section 31 表を編集する ……………………………………… 112
行を追加する
複数のセルを1つに結合する
列の幅を調整する
表のサイズを調整する
セル内の文字列の配置を設定する
セル内の文字列を縦書きにする

CONTENTS 目次

Section 32 グラフを作成する……118
グラフを挿入する
データを入力する
不要なデータを削除する

Section 33 グラフを編集する……122
グラフの構成要素
グラフ要素の表示／非表示を切り替える

Section 34 数式を挿入する……126
数式を入力する

Section 35 Excelから表やグラフを挿入する……128
Excelの表をそのまま貼り付ける
Excelとリンクした表を貼り付ける

第4章 アニメーションの設定

Section 36 画面切り替え効果を設定する……132
スライドに画面切り替え効果を設定する
画面切り替え効果のオプションを設定する
画面切り替え効果を確認する

Section 37 アニメーション効果を設定する……136
オブジェクトにアニメーション効果を設定する
アニメーションの方向を設定する
アニメーション効果を確認する

Section 38 アニメーション効果を変更する……140
アニメーションの開始のタイミングを変更する
一度に表示されるテキストの段落レベルを変更する
アニメーション効果をコピーする

Section 39 アニメーション効果の例……144
文字が拡大表示されたあと消えるようにする
円グラフを時計回りに表示させる

第5章 プレゼンテーションの実行

Section 40 ノートを利用する ················· 146
ノートペインにノートを入力する
ノート表示モードに切り替える

Section 41 スライドを切り替えるタイミングを設定する ·········· 148
リハーサルを行って切り替えのタイミングを設定する
時間を入力して切り替えのタイミングを設定する

Section 42 スライドを印刷する ················· 152
スライドを1枚ずつ印刷する
ノートを印刷する

Section 43 スライドショーを実行する ············· 156
発表者ツールを使用する
スライドショーを進行する
スライドを拡大表示する
目的のスライドを表示する

Section 44 ペンツールでプレゼンテーション中に説明を入れる
················· 162
ペンでスライドに書き込む

第6章 ファイルの共有

Section 45 OneDriveにファイルを保存する ········· 164
ファイルをOneDriveに保存する
ファイルをPowerPointで開く
ファイルをWebブラウザーで表示する

Section 46 OneDriveの基本的な操作 ············· 170
フォルダーを作成する
ファイルを移動する

ファイルをアップロードする
ファイルをダウンロードする

Section 47 PowerPoint Onlineを利用する..................174
ファイルを編集する
新規プレゼンテーションを作成する

Section 48 ほかのユーザーとファイルを共有する..................178
ユーザーを招待する
共有されたファイルを閲覧する

Section 49 共有リンクを設定する..................182
PowerPointで共有リンクを設定する
OneDriveで共有リンクを設定する

覚えておくと便利なショートカットキー一覧..................186
索引..................188

ご注意:ご購入・ご利用の前に必ずお読みください

- 本書に記載された内容は、情報提供のみを目的としています。したがって、本書を用いた運用は、必ずお客様自身の責任と判断によって行ってください。これらの情報の運用の結果について、技術評論社および著者はいかなる責任も負いません。

- ソフトウェアに関する記述は、特に断りのないかぎり、2015年11月末日現在での最新情報をもとにしています。これらの情報は更新される場合があり、本書の説明とは機能内容や画面図などが異なってしまうことがあり得ます。あらかじめご了承ください。

- 本書は、Windows 10に用意されたエディションのうち、Windows 10 Proで検証を行っております。製品版とは異なる場合があり、そのほかのエディションについては一部本書の解説の内容と異なるところがあります。

- インターネットの情報については、URLや画面などが変更されている可能性があります。ご注意ください。

以上の注意事項をご承諾いただいた上で、本書をご利用願います。これらの注意事項をお読みいただかずに、お問い合わせいただいても、技術評論社および著者は対処しかねます。あらかじめご承知おきください。

■ 本書に掲載した会社名、プログラム名、システム名などは、米国およびそのほかの国における登録商標または商標です。本文中では™、®マークは明記していません。

第1章

PowerPoint 2016の基本

Section 01	PowerPointとは？
Section 02	PowerPoint 2016を起動・終了する
Section 03	PowerPoint 2016の画面構成
Section 04	PowerPoint 2016の表示モード
Section 05	リボンの基本操作
Section 06	操作を元に戻す・やり直す
Section 07	プレゼンテーションを保存する
Section 08	プレゼンテーションを開く・閉じる

第1章 ≫ PowerPoint 2016の基本

01 PowerPointとは？

マイクロソフトの PowerPoint は、グラフや表、アニメーションなどを利用して、視覚に訴える効果的なプレゼンテーション資料を作成することができるアプリケーションです。

1 プレゼンテーション用の資料を作成する

Keyword

プレゼンテーション

「プレゼンテーション」とは、企画やアイデアなどの特定のテーマを、相手に伝達する手法のことです。一般的には、伝えたい情報に関する資料を提示し、それに合わせて口頭で発表します。

● プレゼンテーションの構成を考える

アウトライン表示モードにすると、プレゼンテーションの構成を把握できます。

● 視覚に訴える資料を作成する

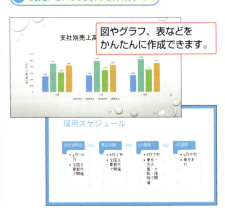

図やグラフ、表などをかんたんに作成できます。

Keyword

PowerPoint

「PowerPoint」は、プレゼンテーションの準備から発表までの作業を省力化し、相手に対して効果的なプレゼンテーションを行うためのアプリケーションです。

2 プレゼンテーションを実行する

● プレゼンテーションで効果的に

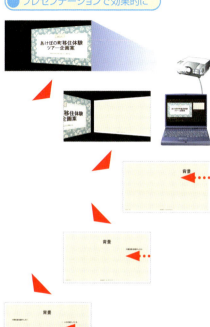

Memo

動きのある プレゼンテーションに

PowerPointでは、画面を切り替えるときや、テキスト、グラフなどを表示させるときに、アニメーションで動きをつけ、参加者の注意をひきつけることができます。

Memo

プレゼンテーション 実行の操作もかんたん

PowerPointでは、発表者用のツールを使って、かんたんに画面を切り替えたり、テキストを表示させたりすることができます。

3 1枚書類を作成する

Memo

1枚書類の作成も可能

プレゼンテーション資料だけでなく、企画書やチラシなどの1枚文書を作成することも可能です。

Section 02

第1章 >> PowerPoint 2016の基本

PowerPoint 2016を起動・終了する

PowerPoint 2016を起動するには、スタートメニューの<すべてのアプリ>を利用するか、PowerPointファイルのアイコンをダブルクリックします。作業が終わったら終了します。

1 PowerPoint 2016を起動する

Memo

<よく使うアプリ>から起動する

スタートメニューの<よく使うアプリ>に<PowerPoint 2016>が表示されている場合は、それをクリックしても起動できます。

Memo

ファイルアイコンをダブルクリックして起動する

デスクトップやフォルダーのウィンドウに表示されている、PowerPointで作成したファイルのアイコンをダブルクリックすると、PowerPoint 2016が起動し、そのファイルを開くことができます。

1 Windows 10を起動して、

2 ⊞をクリックし、

3 <すべてのアプリ>をクリックして、

4 <PowerPoint 2016>をクリックすると、

| 5 | PowerPoint 2016が起動します。 | 6 | <新しいプレゼンテーション>をクリックすると、 |

> **Memo**
>
> ### ライセンス認証の手続きが必要
>
> ライセンス認証の手続きを行っていない状態でPowerPoint 2016を起動すると、ライセンス認証の画面が表示されることがあります。その場合、画面の指示に従ってライセンス認証の手続きを行う必要があります。

| 7 | 新規プレゼンテーションが作成されます。 |

2 PowerPoint 2016を終了する

| 1 | <閉じる>をクリックすると、 |

> **Hint**
>
> ### プレゼンテーションを保存していない場合
>
> プレゼンテーションの作成や編集を行っていた場合に、ファイルを保存しないでPowerPoint 2016を終了しようとすると、確認のメッセージが表示されます。ファイルを保存する場合は<保存>、保存せずに終了する場合は<保存しない>、終了を取り消す場合は<キャンセル>をクリックします。

| 2 | PowerPoint 2016が終了します。 |

Section 03

第1章 >> PowerPoint 2016の基本

PowerPoint 2016の画面構成

PowerPoint 2016の画面上部には、「リボン」が表示されています。また、左側にはスライドを切り替える「サムネイルウィンドウ」、中央にはスライドを編集する「スライドウィンドウ」が表示されます。

1 PowerPoint 2016の基本的な画面構成

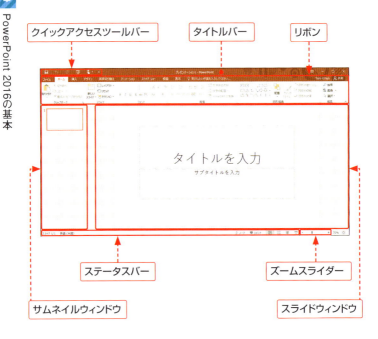

名　称	機　能
クイックアクセスツールバー	よく使う機能を1クリックで利用できるボタンです。
リボン	PowerPoint 2003以前のメニューとツールボタンの代わりになる機能です。コマンドがタブによって分類されています。
タイトルバー	作業中のプレゼンテーションのファイル名が表示されます。
スライドウィンドウ	スライドを編集するための領域です。
サムネイルウィンドウ	すべてのスライドの縮小版（サムネイル）が表示される領域です。
ステータスバー	作業中のスライド番号や表示モードの変更ボタンが表示されます。
ズームスライダー	画面の表示倍率を変更できます。

2 スライドの表示を切り替える

1 目的のスライドをクリックすると、

2 クリックしたスライドがスライドウィンドウに表示されます。

Section 04

第1章 >> PowerPoint 2016の基本

PowerPoint 2016の表示モード

初期設定では、スライドウィンドウとサムネイルウィンドウが表示されている「標準表示モード」で表示されていますが、作業内容に応じて表示モードを切り替えることができます。

1 表示モードを切り替える

Keyword

標準表示モード

スライドウィンドウとスライドのサムネイルが表示されている状態を「標準表示モード」といいます。通常のスライドの編集は、この状態で行います。

初期設定では、標準表示モードで表示されます。

1 <表示>タブをクリックして、

2 目的の表示モードをクリックすると、表示モードが切り替わります。

2 表示モードの種類

Keyword

アウトライン表示モード

「アウトライン表示モード」では、左側にすべてのスライドのテキストだけが表示されます。スライド全体の構成を参照しながら、編集することができます。

● アウトライン表示モード

● スライド一覧表示モード

🔑 Keyword

スライド一覧表示モード

「スライド一覧表示モード」では、プレゼンテーション全体の構成の確認や、スライドの移動が行えます。

● ノート表示モード

🔑 Keyword

ノート表示モード

「ノート表示モード」では、発表者用のメモを確認・編集できます。

● 閲覧表示モード

🔑 Keyword

閲覧表示モード

「閲覧表示モード」では、スライドショーをウィンドウで表示できます。

📝 Memo

ステータスバーから表示モードを切り替える

ウィンドウ右下のボタンをクリックしても、表示モードを切り替えることができます。

Section 05 リボンの基本操作

第1章 >> PowerPoint 2016の基本

「リボン」には、操作を行う「コマンド」がまとめられています。リボンは、「タブ」をクリックすることで、表示を切り替えます。また、リボンを使いやすいようにカスタマイズすることもできます。

1 タブを切り替える

1 タブをクリックすると、

コマンド / グループ

2 リボンが切り替わります。

StepUp

リボンの表示を切り替える

スライドウィンドウをできるだけ大きく表示したい場合は、リボンを非表示にしたり、タブだけを表示したりすることができます。

1 <リボンの表示オプション>をクリックして、

2 目的の表示方法をクリックします。

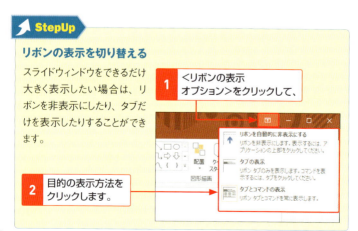

2 ダイアログボックスを表示する

1 文字列を選択して、

2 <ホーム>タブをクリックし、

3 <フォント>グループのここをクリックすると、

4 <フォント>ダイアログボックスが表示されます。

Memo
ダイアログボックスの表示

リボンに表示されているコマンドでは行えない詳細な設定は、ダイアログボックスを利用します。おもなダイアログボックスは、各タブのグループ名の右下にあるダイアログボックス起動ツール🔲 をクリックして表示することができます。
なお、<ホーム>タブの<図形描画>グループのように、作業ウィンドウが表示されるものもあります。

3 リボンをカスタマイズする

● <ホーム>タブに<クイック印刷>を追加

1 タブを右クリックして、

2 <リボンのユーザー設定>をクリックします。

Memo
リボンのカスタマイズ

リボンには、新しいタブやグループを追加して、コマンドをユーザーの使いやすいように配置することができます。

3 ここをクリックして、

4 <メインタブ>をクリックし、

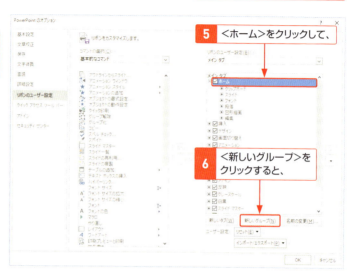

5 <ホーム>をクリックして、

6 <新しいグループ>をクリックすると、

7 新しいグループが作成されます。

8 ここをクリックして、

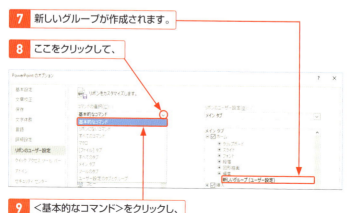

9 <基本的なコマンド>をクリックし、

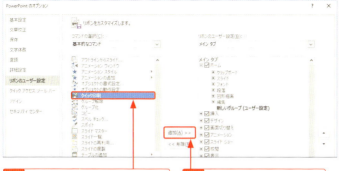

| 10 | <クイック印刷>をクリックして、 | 11 | <追加>をクリックすると、 |

| 12 | コマンドが追加されます。 | 13 | <OK>をクリックすると、 |

| 14 | <ホーム>タブに新しいグループと<クイック印刷>が表示されます。 |

Section 06 操作を元に戻す・やり直す

第1章 >> PowerPoint 2016の基本

操作を取り消して元に戻したい場合は、クイックアクセスツールバーの<元に戻す>をクリックします。元に戻したあと、<やり直し>をクリックすると、取り消した操作をやり直すことができます。

1 操作を元に戻す・やり直す

💡 Hint

複数の操作を元に戻すには?

クイックアクセスツールバーの<元に戻す>🔄 の ▼ をクリックし、表示される操作の履歴の一覧から取り消したい操作をクリックすると、複数の操作を元に戻すことができます。

1 フォントの色を変更し、

2 クイックアクセスツールバーの<元に戻す>をクリックすると、

3 フォントの色の変更が取り消され、元に戻ります。

4 <やり直し>を クリックすると、

5 元に戻した操作が再度実行され、フォントの色が変更されます。

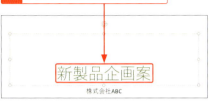

2 操作を繰り返す

1 フォントの色を変更し、

2 プレースホルダーをクリックして選択し、

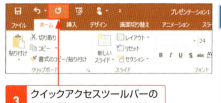

3 クイックアクセスツールバーの<繰り返し>をクリックすると、

💡 Hint

繰り返しができない?

表の挿入やSmartArtの挿入など、操作によっては、繰り返すことができません。

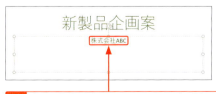

4 直前の操作が適用され、フォントの色が変わります。

Section 07

第1章 >> PowerPoint 2016の基本

プレゼンテーションを保存する

作成したプレゼンテーションをファイルとして保存しておくと、あとから何度でも利用できます。また、PDF形式や、PowerPoint 2003以前のバージョンのppt形式で保存することも可能です。

1 名前を付けて保存する

1 <ファイル>タブをクリックして、

2 <名前を付けて保存>をクリックし、

3 <このPC>をクリックして、

4 <ドキュメント>をクリックします。

| 5 | 保存先のフォルダーを指定し、 | 6 | ファイル名を入力して、 |

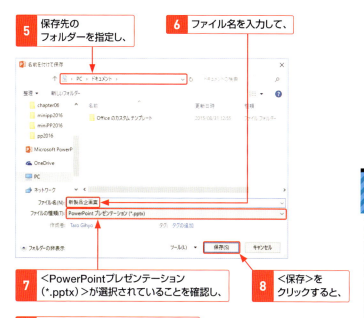

| 7 | <PowerPointプレゼンテーション(*.pptx)>が選択されていることを確認し、 | 8 | <保存>をクリックすると、 |

| 9 | 入力したファイル名で保存されます。 |

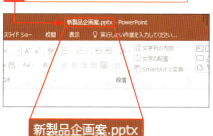

📝 Memo

ファイルの拡張子

本書では、すべてのファイルの拡張子を表示する設定にしています(P.35の「StepUp」参照)。この場合、手順 7 と 9 で拡張子が表示されます。

💡 Hint

上書き保存するには?

ファイルを上書き保存するには、クイックアクセスツールバーの<上書き保存> 🔲 をクリックするか、<ファイル>タブをクリックして<上書き保存>をクリックします。

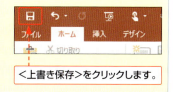

<上書き保存>をクリックします。

2 PDF形式で保存する

1 <名前を付けて保存>ダイアログボックスを表示して（P.32参照）、

2 保存先のフォルダーを指定し、

3 ファイル名を入力して、

4 <PDF(*.pdf)>を選択し、

5 <発行後にファイルを開く>をオンにして、

6 目的の品質をクリックし、

7 <保存>をクリックすると、

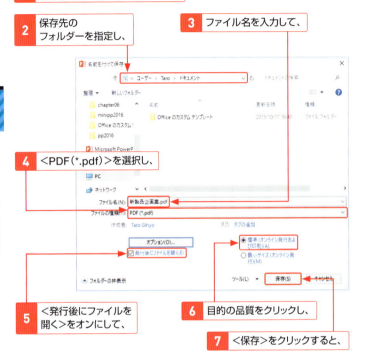

8 PDFが作成され、表示されます。

Memo

PDFファイルの表示

Windows 10の場合、既定ではMicrosoft Edgeが起動して、PDFファイルが表示されます。

Hint

旧バージョンのppt形式で保存するには？

プレゼンテーションファイルをPowerPoint 2003以前のファイル形式（ppt形式）で保存するには、＜名前を付けて保存＞ダイアログボックスの＜ファイルの種類＞で＜PowerPoint 97-2003プレゼンテーション（.ppt）＞を選択します。

ただし、PowerPoint 2007以降の新機能のいくつかは、PowerPoint 97-2003形式で使用できません。そのため、PowerPoint 97-2003形式で保存しようとすると、互換性チェックが自動的に行われ、右のような画面が表示される場合があります。

1. PowerPoint 97-2003形式でサポートされない部分を確認し、

2. ＜続行＞をクリックすると、ファイルが保存されます。

StepUp

ファイルの拡張子の表示

「拡張子」とは、ファイルの種類を識別するために、ファイル名のあとに付けられる文字列のことで、「.」（ピリオド）で区切られます。本書では、すべてのファイルの拡張子を表示する設定にしています。拡張子を表示する設定にしておくと、タイトルバーのファイル名のあとに、拡張子が表示されます。
Windows 10で拡張子を表示するには、エクスプローラーの＜表示＞タブをクリックして、＜ファイル名拡張子＞をオンにします。

1. ＜表示＞タブをクリックして、
2. ＜ファイル名拡張子＞をオンにします。

Section 08　第1章 >> PowerPoint 2016の基本

プレゼンテーションを開く・閉じる

プレゼンテーションの編集を終えて別の作業を行う際は、プレゼンテーションを閉じます。プレゼンテーションを開くと、編集作業を再開できます。

1 プレゼンテーションを閉じる

💡 Hint

保存しないで閉じると?

変更を加えたプレゼンテーションを保存しないで閉じようとすると、メッセージが表示されます。ファイルを保存する場合は<保存>を、保存しない場合は<保存しない>を、プレゼンテーションを閉じないで作業に戻る場合は<キャンセル>をクリックします。
なお、まだ保存していない新規プレゼンテーションの場合、<保存>をクリックすると、<名前を付けて保存>ダイアログボックス(P.32～33参照)が表示されます。

1 <ファイル>タブをクリックして、

2 <閉じる>をクリックすると、

3 プレゼンテーションが閉じます。

2 プレゼンテーションを開く

1 ＜ファイル＞タブをクリックして、

2 ＜開く＞をクリックし、

3 ＜参照＞をクリックします。

次ページの「Memo」参照。

4 ファイルが保存されているフォルダーを指定し、

5 目的のファイルをクリックして、

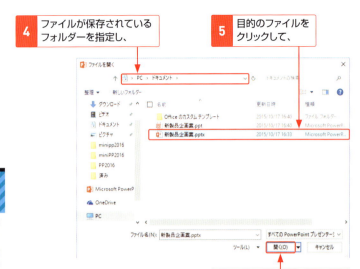

6 <開く>をクリックすると、

Memo

エクスプローラーから開く

エクスプローラーで、プレゼンテーションファイルのアイコンをダブルクリックしても、ファイルを開くことができます。

7 プレゼンテーションが開きます。

Memo

履歴からプレゼンテーションを開く

<ファイル>タブの左下には、最近使ったプレゼンテーションの履歴が表示されます。その中から目的のプレゼンテーションをクリックして開くこともできます。また、前ページの手順3で<最近使ったアイテム>をクリックしても、最近使ったプレゼンテーションが表示されます。

第2章

スライド作成の基本

- **Section 09** プレゼンテーションを新規作成する
- **Section 10** テキストを入力する
- **Section 11** テキストの書式を設定する
- **Section 12** 行頭文字を変更する
- **Section 13** タブとインデントを利用する
- **Section 14** すべてのスライドに日付や会社名を挿入する
- **Section 15** スライドをコピー・挿入する
- **Section 16** スライドを移動・削除する
- **Section 17** スライドのデザインを変更する
- **Section 18** スライドマスターを利用する

Section 09　第2章 >> スライド作成の基本

プレゼンテーションを新規作成する

PowerPointの基本的な操作を覚えたら、プレゼンテーションを作成してみましょう。このセクションでは、プレゼンテーションの新規作成とデザインの選択方法について解説します。

1 テーマを選択する

Keyword

テーマ

「テーマ」は、スライドのデザインをかんたんに整えることのできる機能です。テーマはあとから変更することができます（P.64〜65参照）。

1 PowerPointを起動して（P.20〜21参照）、

2 テーマ（ここでは＜シャボン＞）をクリックします。

2 バリエーションを選択する

Keyword

バリエーション

テーマには、カラーや画像などのデザインが異なる「バリエーション」があります。バリエーションもあとから変更することができます（P.66参照）。

1 バリエーションをクリックして、

2 ＜作成＞をクリックすると、

| 3 | 新規プレゼンテーションが作成されます。 |

起動後に新しく作成するには？

すでにPowerPointを起動している場合に新規プレゼンテーションを作成するには、＜ファイル＞タブをクリックして、＜新規＞をクリックし、テーマを選択します。左ページ下の手順 1 の画面が表示されたら、バリエーションを選択し、＜作成＞をクリックします。

💡 Hint

スライドを縦向きにするには？

スライドを縦向きに変更するには、＜デザイン＞タブの＜スライドのサイズ＞をクリックし、＜ユーザー設定のスライドのサイズ＞をクリックします。右図が表示されるので、＜スライド＞の＜縦＞をクリックし、＜OK＞をクリックします。

💡 Hint

スライドの縦横比を変更するには？

スライドは、標準ではワイド画面対応の16:9の縦横比で作成されます。スライドの縦横比を4:3に変更したい場合は、＜デザイン＞タブの＜スライドのサイズ＞をクリックし、＜標準 (4:3)＞をクリックします。右のような図が表示された場合は、＜最大化＞または＜サイズに合わせて調整＞をクリックします。

第2章 スライド作成の基本

Section 10 テキストを入力する

第2章 » スライド作成の基本

スライドにテキストを入力する方法には、**アウトライン表示モードに切り替えて入力**する方法と、**プレースホルダーに入力**する方法があります。

1 アウトライン表示モードでスライドタイトルを入力する

📝 Memo

アウトライン表示モードの利用

アウトライン表示モードでテキストを入力すると、スライドの挿入などが自動的に行われるため、プレゼンテーションの構成を考えながら作業するのに適しています。アウトライン表示モードで入力したテキストは、対応するプレースホルダーに反映されます。

1 <表示>タブをクリックして、

2 <アウトライン表示>をクリックすると、

3 アウトライン表示モードに切り替わります。

4 アイコンの右側をクリックすると、カーソルが表示されるので、

5 タイトルを入力します。

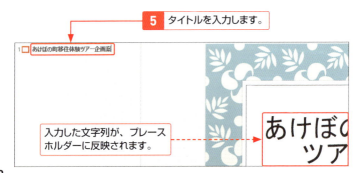

入力した文字列が、プレースホルダーに反映されます。

6 Enterを押すと、新しいスライドが作成され、文字列が入力できるようになります。

```
1  あけぼの町移住体験ツアー企画案
2  |
```

7 同様の手順でスライドを追加し、スライドタイトルを入力します。

```
1  あけぼの町移住体験ツアー企画案
2  背景
3  企画概要
4  年間スケジュール案
```

> **Memo**
> **スライドタイトルの入力**
> プレゼンテーションでは構成が重要です。先にスライドのタイトルだけを入力し、プレゼンテーションの構成を考えましょう。

2 アウトライン表示モードでテキストを入力する

1 スライドタイトルの行末にカーソルを移動し、Ctrlを押しながらEnterを押すと、

```
1  あけぼの町移住体験ツアー企画案
2  背景
3  企画概要
4  年間スケジュール案
```

2 行頭文字が表示されるので、

```
1  あけぼの町移住体験ツアー企画案
2  背景
   ①
3  企画概要
```

3 テキストを入力します。

```
1  あけぼの町移住体験ツアー企画案
2  背景
    ・移住者を増やしたい
3  企画概要
```

> **Memo**
> **段落レベルの設定**
> テキストには、段落レベルを設定することができます。
> なお、各段落レベルで表示される行頭文字は、設定されているテーマにより異なります。

> **Hint**
> **箇条書きの項目を追加するには?**
> 手順3の図でテキストを入力してEnterを押すと、改行され、同じ段落レベルのテキストを入力できます。

4 ほかのテキストも入力します。

StepUp

段落を変えずに改行する

段落を変えずに改行するには、目的の位置にカーソルを移動し、[Shift]を押しながら[Enter]を押します。

3 段落レベルを変更する

1 目的の段落をドラッグして選択し、

2 [Ctrl]を押しながら離れた段落をドラッグして選択し、

3 [Tab]を押すと、

4 段落レベルが1つ下がります。

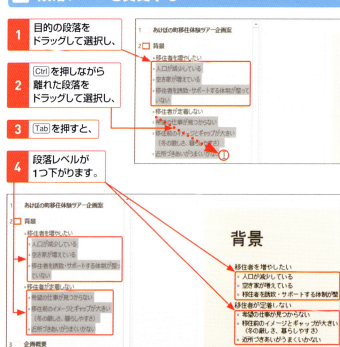

4 プレースホルダーに文字列を入力する

1 タイトルスライドをクリックして、

2 プレースホルダーをクリックすると、文字列が入力できる状態になるので、

3 文字列を入力します。

4 <表示>タブの<標準>をクリックし、標準表示モードに戻します。

Keyword

プレースホルダー

「プレースホルダー」とは、スライドに配置されるテキストやオブジェクト（表やグラフ、画像など）を挿入するための枠のことです。プレースホルダーをクリックすると、文字列を入力できる状態になります。

StepUp

プレースホルダーのテキストのフォントサイズが小さくなった場合

プレースホルダーに入力するテキストの行数が多いと、既定ではプレースホルダーに収まるように、フォントサイズが自動的に小さくなります。このとき、プレースホルダーの左下に表示される<自動調整オプション>をクリックすると、自動調整をしない、2段組に変更する、2つのスライドに分割するなどの対処方法を選択できます。

Section | 第2章 >> スライド作成の基本

11 テキストの書式を設定する

テキストは、フォントの種類や文字のサイズを変更して、見やすくすることができます。また、文字の色を変更したり、文字飾りを設定したりして、強調したい部分を目立たせることもできます。

1 フォントを変更する

Memo

文字列の選択

手順 1 のようにプレースホルダーを選択すると、プレースホルダー全体の文字列の書式を変更することができます。
また、文字列をドラッグして選択すると、選択した文字列のみの書式を変更することができます。

1 プレースホルダーの枠線をクリックして選択し、

あけぼの町移住体験
ツアー企画案
四季折々の自然と暮らしに触れる

2 <ホーム>タブをクリックして、

3 <フォント>のここをクリックし、

4 目的のフォントをクリックすると、

Memo

**フォントの種類は
テーマによって異なる**

あらかじめ見出しと本文に設定されているフォントの種類は、テーマ(P.64〜65参照)によって異なります。

あけぼの町移住体験
ツアー企画案
四季折々の自然と暮らしに触れる

5 フォントが変更されます。

2 フォントサイズを変更する

1 プレースホルダーの枠線をクリックして選択し、

2 <ホーム>タブをクリックして、

3 <フォントサイズ>のここをクリックし、

4 目的のフォントサイズをクリックすると、

5 フォントサイズが変更されます。

Memo

フォントサイズの変更

<ホーム>タブの<フォントサイズ>では、8ポイントから96ポイントまでのサイズの中から選択できます。また、<フォントサイズ>のボックスに直接数値を入力し、Enterを押しても、フォントサイズを指定できます。

StepUp

プレゼンテーション全体の書式の変更

プレゼンテーションのすべてのスライドタイトルや本文のフォントの種類、フォントサイズを変更したい場合は、スライドを1枚1枚編集するのではなく、スライドマスターを変更します(P.69参照)。

StepUp

スタイルの設定

文字列の強調などを目的として、「太字」や「斜体」、「下線」などを設定することができますが、これは文字書式の一種で「スタイル」と呼ばれます。
スタイルの設定は、<ホーム>タブの<太字> B 、<斜体> I 、<下線> U 、<文字の影> S 、<取り消し線> で行えます。

3 フォントの色を変更する

✎ Memo

フォントの色の変更

フォントの色は、<ホーム>タブの<フォントの色> A の をクリックして表示されるパネルで色を指定します。
なお、文字列を選択して<フォントの色> A の A をクリックすると、直前に選択した色を繰り返し設定することができます。

1 プレースホルダーの枠線をクリックして選択し、

2 <ホーム>タブをクリックして、

3 <フォントの色>のここをクリックし、

4 目的の色をクリックすると、

5 フォントの色が変更されます。

💡 Hint

そのほかのフォントの色を設定するには?

<フォントの色> A の をクリックすると表示されるパネルには、スライドに設定されたテーマの配色と、標準の色10色だけが用意されています。そのほかの色を設定するには、手順 4 で<その他の色>をクリックして<色の設定>ダイアログボックス(右図参照)を表示し、<標準>タブで目的の色を選択します。

4 段落の配置を変更する

1 プレースホルダーの枠線をクリックして選択し、

2 ＜ホーム＞タブをクリックして、

3 ＜中央揃え＞をクリックすると、

4 段落が左右中央に配置されます。

📝 Memo

段落の配置の設定

段落の配置は、＜ホーム＞タブに用意されている＜左揃え＞ ≣、＜中央揃え＞ ≣、＜右揃え＞ ≣、＜両端揃え＞ ≣、＜均等割り付け＞ ▥ を利用して、段落単位で設定できます。

↗ StepUp

行の間隔の変更

行の間隔を変更するには、目的の段落をドラッグして選択し、＜ホーム＞タブの＜行間＞ ≣▾ をクリックして、目的の数値をクリックします。

↗ StepUp

＜フォント＞ダイアログボックスの利用

フォントの種類や文字のサイズなどの書式をまとめて設定するには、＜ホーム＞タブの＜フォント＞グループのダイアログボックス起動ツール ▫ をクリックして＜フォント＞ダイアログボックスを表示します。ここでは、下線のスタイルや色、上付き文字など、＜ホーム＞タブにない書式も設定することができます。

Section 12 行頭文字を変更する

第2章 » スライド作成の基本

「行頭文字」とは、箇条書きで段落の行頭に表示される文字や記号のことです。行頭文字の種類は、段落レベルごとにあらかじめ設定されていますが、あとから変更することができます。

1 行頭文字の種類を変更する

Memo
新規に行頭文字を設定する

行頭文字が設定されていない段落も、右の手順で、新規に行頭文字を設定できます。

Hint
行頭文字を非表示にするには?

行頭文字を非表示にするには、行頭文字が表示されている段落やプレースホルダーを選択し、<ホーム>タブの<箇条書き> の をクリックして、 の状態にします。

1 目的の段落をドラッグして選択し、

2 Ctrl を押しながら離れた段落をドラッグして選択し、

3 <ホーム>タブの<箇条書き>のここをクリックして、

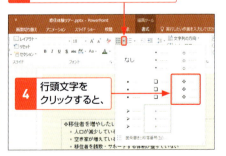

4 行頭文字をクリックすると、

5 行頭文字が変更されます。

2 段落に連続した番号を振る

1 目的の段落をドラッグして選択し、

2 Ctrl を押しながら離れた段落をドラッグして選択し、

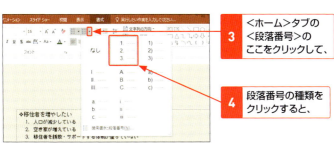

3 <ホーム>タブの<段落番号>のここをクリックして、

4 段落番号の種類をクリックすると、

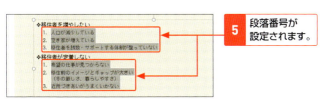

5 段落番号が設定されます。

StepUp

行頭文字のサイズや色を変更する

行頭文字のサイズや色を変更するには、左ページの手順 4 で<箇条書きと段落番号>をクリックします。右図が表示されるので、行頭文字のサイズや色を設定できます。

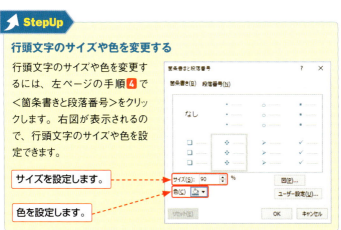

サイズを設定します。

色を設定します。

Section 13

第2章 >> スライド作成の基本

タブとインデントを利用する

複数行の文字を同じ位置で揃える場合は、タブを利用すると便利です。また、テキストを見やすくするために段落の行頭を下げる場合は、インデントを利用して段落の行頭の位置を変更します。

1 ルーラーを表示する

Keyword

ルーラー

「ルーラー」とは、スライドウィンドウの上側・左側に表示される目盛のことです。インデントの調整や、タブ位置の調整に利用します。ルーラーは、<表示>タブの<ルーラー>のオン/オフで、表示/非表示を切り替えることができます。

1 <表示>タブをクリックして、

2 <ルーラー>をオンにすると、

3 ルーラーが表示されます。

4 プレースホルダー内をクリックすると、

5 インデントマーカーが表示されます。

2 タブ位置を設定する

1 揃えたい位置で Tab を押してタブを入力し、

 Hint

タブ位置を解除するには?

タブ位置を解除するには、タブマーカー L をルーラーの外側へドラッグします。

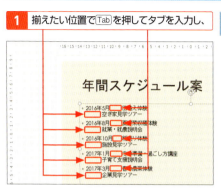

2 タブ位置を設定する段落をドラッグして選択し、

3 左揃えタブになっていることを確認して、

4 揃えたい位置でルーラーをクリックすると、

5 タブマーカーが表示され、

6 指定した位置で文字が揃えられます。

Memo

タブとタブ位置

ルーラー上に「タブ位置」を設定すると、テキスト中に入力した「タブ」の後ろの文字列が、設定したタブ位置に揃えられます。あらかじめ既定のタブ位置が設定されていますが、前ページの手順に従うと、自由にタブ位置を指定することができます。
なお、タブ位置を指定した場所には、タブマーカー L が表示されます。

Memo

タブの種類

タブの種類は、左揃えタブ L のほかに、中央揃えタブ、右揃えタブ、小数点揃えタブ があります。タブの種類は、ルーラーの左上をクリックして切り替えることができます（P.53の手順❸参照）。

中央揃えタブ

会長	近藤
副会長	大河内

右揃えタブ

男性	101名
女性	98名

小数点揃えタブ

はい	56.28％
いいえ	40.52％
無回答	2.2％

3 インデントを設定する

1 目的の段落をドラッグして選択し、

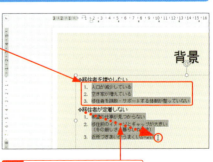

2 Ctrl を押しながら離れた段落をドラッグして選択し、

Keyword

インデント

「インデント」とは、段落の行頭と、文字列全体の左端を下げる機能のことです。インデントは段落ごとに適用されます。

3 このインデントマーカーをドラッグすると、

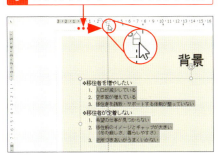

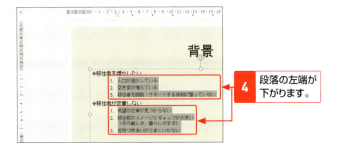

4 段落の左端が下がります。

🔑 Keyword

インデントマーカー

ルーラーを表示して、段落を選択すると、ルーラーにインデントマーカーが表示されます。インデントマーカーには次の3種類があり、ドラッグして位置を調整できます。

・1行目のインデント ▽
 テキストの1行目の位置（箇条書きまたは段落番号が設定されている場合は行頭記号または番号の位置）を示しています。
・ぶら下げインデント △
 テキストの2行目の位置（箇条書きまたは段落番号が設定されている場合は1行目のテキストの位置）を示しています。
・左インデント □
 1行目のインデントとぶら下げインデントの間隔を保持しながら、両方を調整できます。

Section 14

第2章 >> スライド作成の基本

すべてのスライドに日付や会社名を挿入する

すべてのスライドに日付や会社名、スライドの通し番号を挿入したい場合は、<ヘッダーとフッター>ダイアログボックスを利用します。日付は、自動更新または固定を選択できます。

1 フッターを挿入する

1. <挿入>タブをクリックして、
2. <ヘッダーとフッター>をクリックします。

3. <スライド>をクリックし、
4. <日付と時刻>をオンにして、

5. <自動更新>をクリックします。

Memo

日付と時刻の挿入

手順 3 の画面で<自動更新>をクリックすると、プレゼンテーションを開いた際に、日付や時刻が自動的に更新されるようになります。また、<固定>をクリックして、日付を入力すると、特定の日付を挿入できます。

6 言語とカレンダーの種類を選択して、

7 ここをクリックし、

8 目的の表示形式をクリックします。

9 <スライド番号>をオンにし、

10 <フッター>をオンにして、

11 文字列を入力し、

> 🔑 **Memo**
>
> **日付や時刻の表示形式**
>
> 日付や時刻の表示形式の一覧は、<言語>と<カレンダーの種類>で選択した項目によって異なります。
> なお、<カレンダーの種類>で<和暦>を選択した場合は、時刻を挿入することはできません。

12 <すべてに適用>をクリックすると、

13 すべてのスライドに、日付とスライド番号、フッターが表示されます。

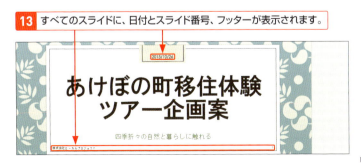

Section 15 スライドをコピー・挿入する

第2章 >> スライド作成の基本

似た内容のスライドを複数作成するときは、スライドの複製を利用すると、効率的です。また、新しいスライドを追加したい場合は、指定した位置に挿入することができます。

1 スライドを複製する

1 複製するスライドをクリックし、

2 <ホーム>タブをクリックして、

3 <コピー>のここをクリックし、

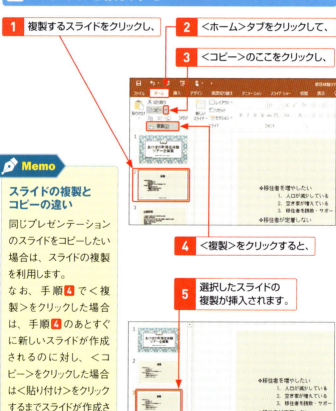

4 <複製>をクリックすると、

5 選択したスライドの複製が挿入されます。

Memo

スライドの複製とコピーの違い

同じプレゼンテーションのスライドをコピーしたい場合は、スライドの複製を利用します。
なお、手順4で<複製>をクリックした場合は、手順4のあとすぐに新しいスライドが作成されるのに対し、<コピー>をクリックした場合は<貼り付け>をクリックするまでスライドが作成されません。

Memo

ほかのプレゼンテーションからのスライドのコピー

ほかのテーマを設定しているプレゼンテーションからスライドをコピーする場合は、「貼り付けのオプション」を利用すると、貼り付けたスライドの書式を選択できます。選択できる項目は、次の3種類です。

・＜貼り付け先のテーマを使用＞
　貼り付け先のテーマを適用してスライドを貼り付けます。
・＜元の書式を保持＞
　元のテーマのままスライドを貼り付けます。
・＜図＞
　コピーしたスライドを図として貼り付けます。

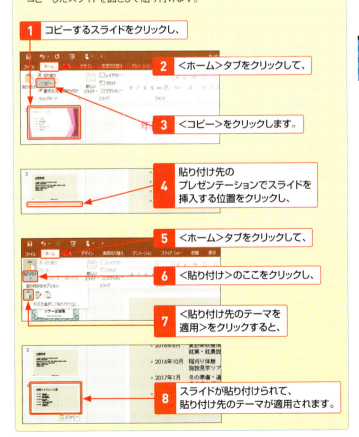

2 新しいスライドを挿入する

1 スライドを追加したい位置の前にあるスライドをクリックし、

💡 Hint

前回選択したレイアウトを挿入するには?

<ホーム>タブの<新しいスライド>の をクリックすると、前回選択したレイアウトと同じレイアウトのスライドが挿入されます。
ただし、1枚目のスライド挿入時にこの操作を行うと、「タイトルスライド」のレイアウトが適用されます。

2 <ホーム>タブをクリックして、

3 <新しいスライド>のここをクリックし、

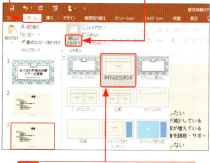

4 目的のレイアウトをクリックすると、

5 選択したレイアウトのスライドが挿入されます。

電脳会議
DENNOUKAIGI

紙面版 **一切無料**

今が旬の情報を満載してお送りします!

『電脳会議』は、年6回の不定期刊行情報誌です。A4判・16頁オールカラーで、弊社発行の新刊・近刊書籍・雑誌を紹介しています。この『電脳会議』の特徴は、単なる本の紹介だけでなく、著者と編集者が協力し、その本の重点や狙いをわかりやすく説明していることです。現在200号に迫っている、出版界で評判の情報誌です。

毎号、厳選ブックガイドもついてくる!!

『電脳会議』とは別に、1テーマごとにセレクトした優良図書を紹介するブックカタログ(A4判・4頁オールカラー)が2点同封されます。

電子書籍を読んでみよう!

技術評論社　GDP　[検索]

と検索するか、以下のURLを入力してください。

https://gihyo.jp/dp

1 アカウントを登録後、ログインします。
【外部サービス(Google、Facebook、Yahoo!JAPAN)でもログイン可能】

2 ラインナップは入門書から専門書、趣味書まで1,000点以上!

3 購入したい書籍を 🛒 カート に入れます。

4 お支払いは「**PayPal**」「**YAHOO!**ウォレット」にて決済します。

5 さあ、電子書籍の読書スタートです!

● **ご利用上のご注意**　当サイトで販売されている電子書籍のご利用にあたっては、以下の点にご留意
■ **インターネット接続環境**　電子書籍のダウンロードについては、ブロードバンド環境を推奨いたします。
■ **閲覧環境**　PDF版については、Adobe ReaderなどのPDFリーダーソフト、EPUB版については、EPUB
■ **電子書籍の複製**　当サイトで販売されている電子書籍は、購入した個人のご利用を目的としてのみ、閲覧、ご覧いただく人数分をご購入いただきます。
■ **改ざん・複製・共有の禁止**　電子書籍の著作権はコンテンツの著作権者にありますので、許可を得ない

Software Design　WEB+DB PRESS も電子版で読める

電子版定期購読が便利!

くわしくは、
「**Gihyo Digital Publishing**」
のトップページをご覧ください。

電子書籍をプレゼントしよう!

Gihyo Digital Publishing でお買い求めいただける特定の商品と引き替えが可能な、ギフトコードをご購入いただけるようになりました。おすすめの電子書籍や電子雑誌を贈ってみませんか?

こんなシーンで…　　●ご入学のお祝いに　●新社会人への贈り物に　……

●**ギフトコードとは?**　Gihyo Digital Publishing で販売している商品と引き替えできるクーポンコードです。コードと商品は一対一で結びつけられています。

くわしいご利用方法は、「**Gihyo Digital Publishing**」をご覧ください。

トのインストールが必要となります。
別を行うことができます。法人・学校での一括購入においても、利用者1人につき1アカウントが必要となり、

、への譲渡、共有はすべて著作権法および規約違反です。

電脳会議
紙面版
新規送付のお申し込みは…

ウェブ検索またはブラウザへのアドレス入力のどちらかをご利用ください。
Google や Yahoo! のウェブサイトにある検索ボックスで、

電脳会議事務局 検索

と検索してください。
または、Internet Explorer などのブラウザで、

https://gihyo.jp/site/inquiry/dennou

と入力してください。

「電脳会議」紙面版の送付は送料含め費用は一切無料です。
そのため、購読者と電脳会議事務局との間には、権利&義務関係は一切生じませんので、予めご了承ください。

技術評論社 電脳会議事務局
〒162-0846 東京都新宿区市谷左内町21-13

3 スライドのレイアウトを変更する

1 レイアウトを変更するスライドをクリックし、

2 ＜ホーム＞タブをクリックして、

3 ＜レイアウト＞をクリックし、

4 目的のレイアウトをクリックすると、

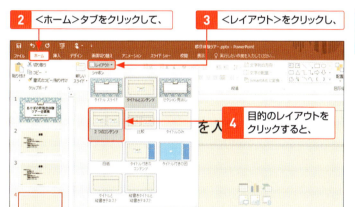

5 スライドレイアウトが変更されます。

Section 16

第2章 >> スライド作成の基本

スライドを移動・削除する

スライドの順番を変更したい場合は、スライドを移動します。スライド一覧表示モードを利用すると、全体の構成を確認しやすくなります。また、不要になったスライドは、削除することができます。

1 スライドを移動する

1 <スライド一覧>をクリックして、

2 スライド一覧表示モードに切り替えます。

3 移動したいスライドをクリックし、

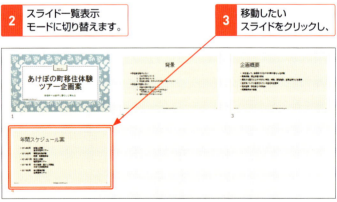

4 目的の位置にドラッグ&ドロップすると、

5 スライドが移動します。

2 スライドを削除する

標準表示モードに切り替えます。

1 削除したいスライドを右クリックし、

2 <スライドの削除>をクリックすると、

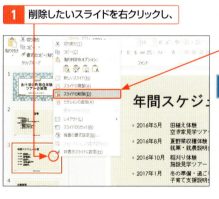

📝 Memo

スライドの削除

サムネイルウィンドウで目的のスライドをクリックして選択し、Delete または BackSpace を押しても、スライドを削除できます。

3 スライドが削除されます。

第2章 スライド作成の基本

Section 17 第2章 » スライド作成の基本

スライドのデザインを変更する

プレゼンテーションに設定されている**テーマ**を変更すると、**スライドのデザインが変更**され、プレゼンテーションのイメージを一新することができます。

1 テーマを変更する

💡 Hint

白紙のテーマを適用するには？

画像などが使用されていない白紙のテーマを適用したい場合は、手順**3**で＜Officeテーマ＞をクリックします。

1 ＜デザイン＞タブをクリックして、

2 ＜テーマ＞グループのここをクリックし、

✏️ Memo

特定のスライドのみテーマを変える

選択しているスライドのみのテーマを変更するには、手順**3**の画面で目的のテーマを右クリックし、＜選択したスライドに適用＞をクリックします。

3 目的のテーマをクリックすると、

4 テーマが変更されます。

📝 Memo

配色が変更される

テーマを変更すると、プレゼンテーションの配色も変更され、スライド上のテキストや図形の色が変更されます。
ただし、テーマにあらかじめ設定されている配色以外の色を設定しているテキストや図形の色は変更されません。

💡 Hint

バリエーションを変更するには?

各テーマには、背景の画像や配色などが異なる「バリエーション」が用意されています。
すべてのスライドのバリエーションを変更するには、<デザイン>タブの<バリエーション>グループから、目的のバリエーションをクリックします。
また、選択しているスライドのみのバリエーションを変更する場合は、<デザイン>タブの<バリエーション>グループで目的のバリエーションを右クリックし、<選択したスライドに適用>をクリックします。

1 <デザイン>タブをクリックして、

2 目的のバリエーションをクリックします。

2 配色を変更する

1 <デザイン>タブをクリックして、

2 <バリエーション>グループのここをクリックし、

3 <配色>をポイントして、

4 目的の配色パターンをクリックすると、

5 配色が変更されます。

💡 Hint

効果やフォントを変更するには？

配色と同様、図形などの効果やフォントパターンも、まとめて変更することができます。
その場合は、手順3の画面で<効果>または<フォント>をポイントし、目的の効果やフォントパターンをクリックします。

StepUp

配色パターンを自分で作成するには？

配色パターンは、自分で自由に色を組み合わせてオリジナルのものを作成することができます。その場合は、左ページ手順❸のあと、＜色のカスタマイズ＞をクリックすると、右図が表示されるので、色を設定して、配色パターンの名前を入力し、＜保存＞をクリックします。

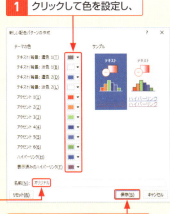

1 クリックして色を設定し、

2 配色パターンの名前を入力して、

3 ＜保存＞をクリックします。

StepUp

背景のスタイルを変更するには？

左ページ手順❸の画面で、＜背景のスタイル＞をポイントすると、背景の色やグラデーションなどを変更することができます（下図参照）。

背景のスタイルの一覧に、目的の背景のスタイルがない場合は、＜背景の書式設定＞をクリックします。＜背景の書式設定＞作業ウィンドウが表示されるので、塗りつぶしの色やグラデーションの色、画像などを設定することができます。

1 ＜背景のスタイル＞をポイントして、

2 目的のスタイルをクリックします。

Section 18 スライドマスターを利用する

第2章 >> スライド作成の基本

テーマに設定されている書式やレイアウトなどは、スライドマスターを利用して変更することができます。スライドマスターを変更すると、すべてのスライドに変更が反映されます。

1 スライドマスターを表示する

Keyword

スライドマスター

「スライドマスター」とは、プレースホルダーの位置やサイズ、フォントなど、プレゼンテーション全体の書式を設定するテンプレート(ひな形)のことです。

1 <表示>タブをクリックし、

2 <スライドマスター>をクリックすると、

3 スライドマスターが表示されます。

2 すべてのスライドの書式を変更する

1 <スライドマスター>をクリックし、

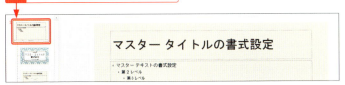

2 スライドマスターを編集して、

フォントの色と段落の配置を変更しています（P.48、49参照）。

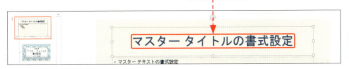

3 <スライドマスター>タブをクリックし、

4 <マスター表示を閉じる>をクリックすると、

5 スライドマスターの変更が、すべてのスライドに反映されます。

📝 Memo

スライドマスターの変更

すべてのスライドのレイアウトのマスターを変更するには、スライドマスターの画面左側に表示されるレイアウトの一覧で、一番上の<スライドマスター>をクリックします。

💡 Hint

特定のレイアウトのマスターを変更するには？

レイアウトごとにマスターを変更する場合は、スライドマスターの画面左側に表示されるレイアウトの一覧で、目的のレイアウトをクリックします。

3 テーマとして保存する

Memo

テーマの保存

スライドマスターを変更したり、テーマのフォントや配色パターンなどを変更したりした場合は、オリジナルのテーマとして保存しておくと、再度利用することができます。

1 <デザイン>タブをクリックして、

2 <テーマ>グループのここをクリックし、

Memo

テーマの保存先

テーマを保存する際、テーマの保存先は自動的に<Document Themes>フォルダーになります。保存先は変更しないでください。

3 <現在のテーマを保存>をクリックします。

4 保存先が<Document Themes>であることを確認し、

5 テーマの名前を入力して、

6 <Officeテーマ（*.thmx）>が選択されていることを確認して、

7 <保存>をクリックすると、テーマとして保存されます。

第3章

オブジェクトの利用

- Section 19　タイトルに効果を加える
- Section 20　画像やビデオを挿入する
- Section 21　画像を編集する
- Section 22　ビデオを編集する
- Section 23　オーディオファイルを挿入する
- Section 24　線や図形を描く
- Section 25　図形を編集する
- Section 26　図形の色を変更する
- Section 27　図形に文字列を入力する
- Section 28　複数の図形を操作する
- Section 29　図を作成する
- Section 30　表を作成する
- Section 31　表を編集する
- Section 32　グラフを作成する
- Section 33　グラフを編集する
- Section 34　数式を挿入する
- Section 35　Excelから表やグラフを挿入する

Section 19 タイトルに効果を加える

第3章 >> オブジェクトの利用

PowerPointには、デザイン効果を加えた文字を作成できる「ワードアート」という機能が用意されています。デザインされたタイトルロゴなどがかんたんに作成できます。

1 テキストにワードアートスタイルを適用する

Keyword

ワードアート

「ワードアート」とは、デザインされた文字を作成するための機能、または その機能を使って作成された文字そのもののことです。ワードアートで作成された文字の色や効果などは、あとから変更することができます。

1. プレースホルダーの枠線をクリックして選択し、

2. <描画ツール>の<書式>タブをクリックして、

3. <ワードアートのスタイル>グループのここをクリックし、

4. 目的のスタイルをクリックすると、

5. ワードアートスタイルが適用されます。

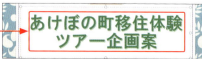

2 ワードアートの色を変更する

1 プレースホルダーの枠線をクリックして選択し、

> 💡 **Hint**
>
> **ワードアートスタイルを解除するには?**
>
> ワードアートスタイルを解除して通常のテキストに戻すには、ワードアートを選択して、左ページの手順 4 の画面を表示し、＜ワードアートのクリア＞をクリックします。

2 ＜描画ツール＞の＜書式＞タブをクリックして、

3 ＜文字の塗りつぶし＞をクリックし、

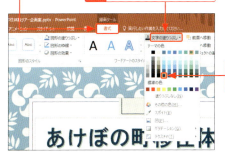

4 目的の色をクリックすると、

5 ワードアートの色が変更されます。

> 💡 **Hint**
>
> **ワードアートの輪郭の色を変更するには?**
>
> ワードアートの文字の輪郭の色を変更するには、ワードアートを選択して、＜描画ツール＞の＜書式＞タブの＜文字の輪郭＞をクリックし、目的の色をクリックします。

3 ワードアートに効果を設定する

Memo

文字の効果の設定

＜描画ツール＞の＜書式＞タブの＜文字の効果＞からは、影、反射、光彩、面取り、3-D回転、変形の6種類の文字効果を設定できます。

1 プレースホルダーの枠線をクリックして選択し、

2 ＜描画ツール＞の＜書式＞タブをクリックして、

3 ＜文字の効果＞をクリックし、

4 ＜面取り＞をポイントして、

5 面取りの種類をクリックすると、

Hint

面取りの効果を解除するには？

面取りの効果を削除するにはワードアートを選択し、手順 **5** の画面を表示して＜面取りなし＞をクリックします。

6 面取りが設定されます。

Memo

ワードアートの挿入

スライドに配置されているプレースホルダー以外の部分にワードアートを挿入したい場合は、＜挿入＞タブの＜ワードアート＞をクリックして、スタイルをクリックします。スライドにワードアートが挿入されるので、文字列を入力します。

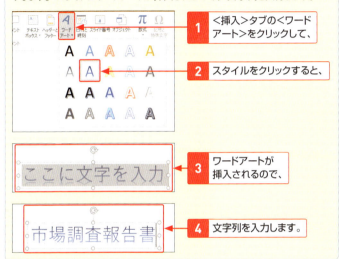

1. ＜挿入＞タブの＜ワードアート＞をクリックして、
2. スタイルをクリックすると、
3. ワードアートが挿入されるので、
4. 文字列を入力します。

StepUp

面取りのオプションの設定

面取りの幅や高さ、色などのオプションを設定するには、ワードアートを選択し、＜描画ツール＞の＜書式＞タブの＜文字の効果＞をクリックして、＜面取り＞をポイントし、＜3-Dオプション＞をクリックします。＜図形の書式設定＞作業ウィンドウが表示されるので、目的の項目を設定します。

オプションを設定できます。

Section 20 画像やビデオを挿入する

第3章 >> オブジェクトの利用

スライドには、デジタルカメラで撮影した写真や、グラフィックスフトで作成したイラストなど、さまざまな画像を挿入できます。また、ビデオカメラで撮影した動画を挿入することも可能です。

1 パソコンに保存されている画像を挿入する

1 画像を挿入するスライドを表示し、

2 プレースホルダーの<図>をクリックして、

StepUp

オンライン画像の挿入

Web上に公開されている画像を検索して挿入するには、プレースホルダーの<オンライン画像>をクリックします。<Bingイメージ検索>のボックスにキーワードを入力して、Enterを押すと、検索結果が表示されるので、目的の画像をクリックして、<挿入>をクリックします。
なお、Web上の画像をプレゼンテーションに利用する際は、著作権に気をつけてください。

3 画像が保存されているフォルダーを指定し、

4 目的の画像をクリックして、

5 <挿入>をクリックすると、

6 画像が挿入されます。

> ✒ **Memo**
>
> **＜挿入＞タブの利用**
>
> ＜挿入＞タブの＜画像＞をクリックしても、＜図の挿入＞ダイアログボックスが表示され、画像を挿入することができます。

2 スクリーンショットを挿入する

1 スクリーンショットに使用するウィンドウを開いて、

2 ＜挿入＞タブをクリックし、

3 ＜スクリーンショット＞をクリックして、

4 目的のウィンドウをクリックします。

> ✒ **Memo**
>
> **ウィンドウは開いておく**
>
> スライドにパソコン画面のスクリーンショットを挿入するときは、あらかじめスクリーンショットに使用するウィンドウを開いておきます。
> なお、この方法では、Microsoft Edgeや「天気」などのストアアプリのスクリーンショットは挿入できません。

> 💡 **Hint**
>
> **ウィンドウの一部を挿入するには？**
>
> ウィンドウの一部を切り抜いてスライドに挿入するには、＜挿入＞タブの＜スクリーンショット＞をクリックして、＜画面の領域＞をクリックします。目的のウィンドウの切り抜く部分をドラッグすると、自動的にスクリーンショットが挿入されます。

Memo

ハイパーリンクの設定

Webブラウザーのスクリーンショットを挿入しようとすると、手順 5 の画面が表示される場合があります。<はい>をクリックすると、挿入したスクリーンショットにURLのハイパーリンクが設定されます。スライドショー実行中に画像をクリックすると、Webブラウザーが起動して挿入した画面が表示されます。
ハイパーリンクを設定しない場合は、<いいえ>をクリックします。

5 この画面が表示された場合は、ハイパーリンクを設定するかどうかを選択すると（左の「Memo」参照）、

6 スクリーンショットが挿入されます。

3 ビデオを挿入する

1 ビデオを挿入するスライドを表示して、

2 プレースホルダーの<ビデオの挿入>をクリックし、

| 3 | <ファイルから>をクリックします。 |

| 4 | ビデオが保存されている
フォルダーを指定して、 |

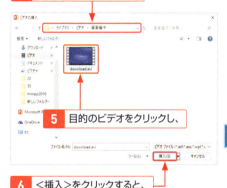

| 5 | 目的のビデオをクリックし、 |

| 6 | <挿入>をクリックすると、 |

| 7 | ビデオが挿入されます。 |

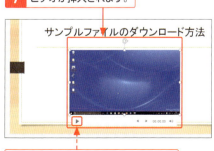

クリックすると、ビデオが再生されます。

StepUp

YouTubeの動画の挿入

YouTubeに公開されている動画を、キーワードで検索して挿入することができます。手順3の画面で<YouTube>のボックスにキーワードを入力してEnterを押すと、検索結果が表示されるので、目的のビデオをクリックして、<挿入>をクリックします。

なお、Web上の動画をプレゼンテーションに利用する際は、著作権に気をつけてください。

Memo

動画の再生開始

初期設定では、動画の画面または画面下に表示される<再生/一時停止>▶をクリックすると、動画が再生されます。スライドが切り替わったときに自動的に動画が再生されるようにするには、動画をクリックして選択し、<ビデオツール>の<再生>タブの<開始>で<自動>をクリックします。

Section 第3章 » オブジェクトの利用

21 画像を編集する

スライドに挿入した画像は、フォトレタッチソフトがなくても、PowerPointを利用して、トリミングなどの編集を行うことができます。

1 画像をトリミングする

Keyword

トリミング

画像の一部だけを表示させたい場合は、トリミング機能を利用します。トリミングとは、画像の特定の範囲を切り抜くことです。

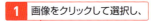
1 画像をクリックして選択し、

2 <図ツール>の<書式>タブをクリックして、

3 <トリミング>のここをクリックすると、

StepUp

縦横比を指定してトリミングする

画像の縦横比を指定してトリミングするには、<図ツール>の<書式>タブの<トリミング>の下の部分をクリックして、<縦横比>をポイントし、目的の縦横比をクリックします。

4 画像の周囲に黒いハンドルが表示されるので、マウスポインターを合わせて、

StepUp

図形に合わせてトリミングする

角丸四角形や円、ハートなどの図形で画像を切り抜くには、画像を選択して、＜図ツール＞の＜書式＞タブの＜トリミング＞の下の部分をクリックし、＜図形に合わせてトリミング＞をポイントして、目的の図形をクリックします。

5 ドラッグし、

6 画像以外の部分をクリックすると、

7 画像がトリミングされます。

Hint

画像のサイズを変更するには？

画像のサイズを変更するには、画像を選択すると周囲に表示される白いハンドルをドラッグします。このとき四隅のハンドルをドラッグすると、縦横比を保持してサイズを変更することができます。

第3章 オブジェクトの利用

Section 22　第3章 » オブジェクトの利用

ビデオを編集する

PowerPointには、かんたんな動画編集機能が用意されています。ここでは、「ビデオのトリミング」を利用して、動画の前後の不要な部分を削除して再生されないようにする方法を解説します。

1 ビデオをトリミングする

1 ビデオをクリックして選択し、

Hint

ビデオを削除するには？

挿入したビデオを削除するには、スライド上のビデオをクリックして選択し、Deleteを押します。

StepUp

ビデオを全画面で再生する

スライドショー実行中にビデオを全画面で再生するには、手順 2 の画面で＜全画面再生＞をオンにします。

2 ＜ビデオツール＞の＜再生＞タブをクリックして、

3 ＜ビデオのトリミング＞をクリックすると、

StepUp

ビデオの音量を調整する

ビデオの音量を設定するには、ビデオをクリックして選択し、＜ビデオツール＞の＜再生＞タブの＜音量＞をクリックし、目的の音量をクリックします。

4 <ビデオのトリミング>ダイアログボックスが表示されます。

> 💡 **Hint**
>
> **表示画面を
> トリミングするには？**
>
> ビデオの画面の端に余計なものが映り込んでしまった場合は、表示画面をトリミングします。ビデオを選択し、<ビデオツール>の<書式>タブの<トリミング>をクリックすると、周囲に黒いハンドルが表示されるので、画像のトリミングと同様の手順でトリミングします（P.80～81参照）。

5 緑色のスライダーをドラッグして開始位置を指定し、

6 赤色のスライダーをドラッグして終了位置を指定し、

7 <OK>をクリックすると、

8 ビデオがトリミングされます。

Section 23 オーディオファイルを挿入する

第3章 >> オブジェクトの利用

スライドに合わせて効果音やBGMなどのオーディオを再生させることができます。このセクションでは、パソコンに保存されているオーディオファイルを挿入する方法を解説します。

1 オーディオを挿入する

1 オーディオを挿入するスライドを表示して、

2 <挿入>タブの<オーディオ>をクリックし、

> **Hint**
> **オーディオを削除するには？**
> スライドに挿入したオーディオを削除するには、スライド上のサウンドのアイコンをクリックして選択し、Deleteを押します。

3 <このコンピューター上のオーディオ>をクリックします。

4 ファイルの保存場所を指定して、

5 目的のファイルをクリックし、

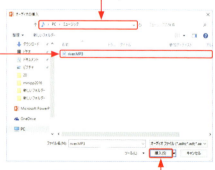

6 <挿入>をクリックすると、

7 オーディオが挿入され、サウンドのアイコンが表示されます。

8 アイコンにマウスポインターを合わせ、

9 ドラッグすると、アイコンが移動します。

💡 Hint

自動で再生させるには?

初期設定では、スライドショーを実行したときに、サウンドのアイコンをクリックすると、オーディオが再生されます。オーディオを挿入したスライドが表示されたときに自動的にオーディオが再生されるようにするには、サウンドのアイコンをクリックして選択し、＜オーディオツール＞の＜再生＞タブの＜開始＞で＜自動＞を選択します。

🔺 StepUp

次のスライドに切り替わったあとも再生する

初期設定では、次のスライドに切り替わると、オーディオの再生が停止します。次のスライドに切り替わったあとも再生されるようにするには、サウンドのアイコンをクリックして選択し、＜オーディオツール＞の＜再生＞タブの＜スライドの切り替え後も再生＞をオンにします。

Section

第3章 » オブジェクトの利用

24 線や図形を描く

図形描画機能を利用すると、線や四角形などの基本的な図形だけでなく、星や吹き出しなどの複雑な図形をかんたんに描くことができます。＜ホーム＞タブまたは＜挿入＞タブを利用します。

1 図形を作成する

1 ＜挿入＞タブをクリックして、

2 ＜図形＞をクリックし、

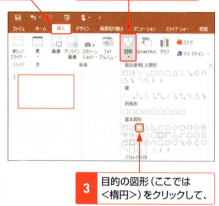

Memo

図形の作成

図形は、＜ホーム＞タブの＜図形描画＞グループからも、同様の手順で作成できます。
なお、作成される図形の塗りつぶしや枠線の色は、プレゼンテーションに設定しているテーマやバリエーションによって異なります。

3 目的の図形（ここでは＜楕円＞）をクリックして、

4 スライド上をドラッグすると、

5 選択した図形が、目的の大きさで作成されます。

Hint

正円や正方形を描くには？

スライド上で[Shift]を押しながらドラッグすると、縦横の比率を変えずに、目的の大きさで図形を作成できます。

2 直線を描く

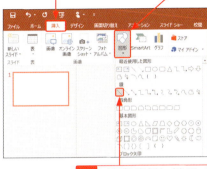

1 <挿入>タブをクリックして、

2 <図形>をクリックし、

Memo

直線の描画

直線を描く際、[Shift]を押しながらドラッグすると、水平・垂直・45度の直線を描くことができます。

3 <直線>をクリックして、

Hint

矢印を描くには？

手順3の図で<矢印>またはく双方向矢印>をクリックすると、矢印を描くことができます。

4 スライド上をドラッグすると、

5 直線が描けます。

Hint

図形を削除するには？

図形を削除するには、図形をクリックして選択し、[Delete]を押します。

StepUp

同じ図形を続けて作成するには？

手順3で目的の図形を右クリックして、<描画モードのロック>をクリックすると、同じ図形を続けて作成することができます。図形の作成が終わったら、[Esc]を押すと、マウスポインターが元の形に戻り、連続作成が解除されます。

第3章 オブジェクトの利用

3 曲線を描く

1 <挿入>タブをクリックして、

2 <図形>をクリックし、

3 <曲線>をクリックします。

4 始点をクリックして、

5 曲げる位置でクリックし、

6 終点でダブルクリックすると、

7 曲線が描けます。

StepUp

図形の線の太さや色を変更する

<描画ツール>の<書式>タブの<図形の枠線>を利用すると、図形の線の太さや色、スタイルを変更することができます。

1 <描画ツール>の<書式>タブの<図形の枠線>をクリックし、

2 <太さ>をポイントし、

3 目的の太さをクリックすると、図形の線の太さが変更されます。

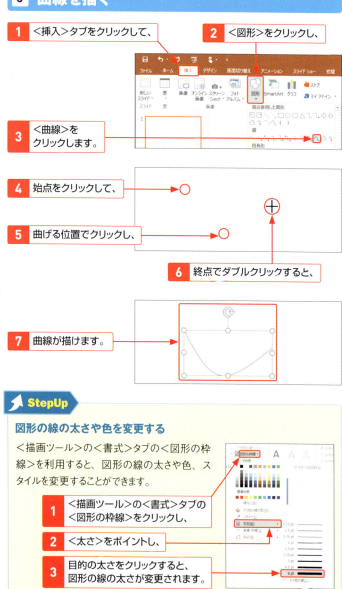

4 2つの図形を連結する

1 2つの図形を作成しておきます。

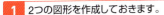

Memo

図形をコネクタで結合する

「コネクタ」とは、複数の図形を結合する線のことです。これを利用して「フローチャート」などを作成することができます。コネクタで結合された2つの図形は、どちらか一方を移動しても、コネクタが伸び縮みして、結合部分は切り離されません。

2 <挿入>タブをクリックして、

3 <図形>をクリックし、

4 コネクタの種類（ここでは<カギ線コネクタ>）をクリックします。

5 マウスポインターを図形に近づけると、結合点が表示されるので、マウスポインターを合わせてドラッグし、

6 もう1つの図形にマウスポインターを移動し、結合点でドロップすると、

7 2つの図形がコネクタで結合されます。

Memo

結合点の表示

コネクタの種類を選択したあとで、マウスポインターを図形に近づけると、コネクタで連結できる位置に、結合点が表示されます。

Section 25 図形を編集する

第3章 » オブジェクトの利用

作成した図形は、**ドラッグして移動・コピー**できます。また、図形を選択すると、周囲にさまざまな**ハンドル**が表示されるので、ドラッグして**大きさや形を変更**したり、**回転**したりすることができます。

1 図形を移動する

1 マウスポインターを図形に合わせると、形が に変わるので、

2 目的の位置までドラッグすると、

Memo

図形の移動

Shift を押しながらドラッグすると、図形を水平・垂直方向に移動できます。右の手順のほかに、図形を選択して、↑↓←→を押しても図形を移動することができます。

3 図形が移動します。

Memo

コマンドの利用

図形を選択して＜ホーム＞タブの＜切り取り＞をクリックし、＜貼り付け＞の をクリックしても、図形を移動することができます。貼り付ける前に移動先のスライドを選択すると、選択したスライドに図形が移動します。

2 図形をコピーする

1 マウスポインターを図形に合わせると、形が ✥ に変わるので、

2 Ctrl を押しながら目的の位置までドラッグすると、

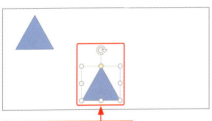

3 コピーが作成されます。

> **Memo**
>
> **図形のコピー**
>
> Shift と Ctrl を同時に押しながらドラッグすると、水平・垂直方向に図形のコピーを作成することができます。

> **Memo**
>
> **コマンドの利用**
>
> 図形を選択して＜ホーム＞タブの＜コピー＞をクリックし、＜貼り付け＞の をクリックしても、図形をコピーすることができます。貼り付ける前に貼り付け先のスライドを選択すると、選択したスライドに図形がコピーされます。

> **Memo**
>
> **コピーした図形がクリップボードに保管される**
>
> 「クリップボード」とは、切り取った、またはコピーしたデータが一時的に保管される場所のことです。クリップボードは、Windowsの機能の1つで、文字列など、データの種類によっては異なるアプリケーションに貼り付けることもできます。
>
> コマンドを利用して切り取った、またはコピーした図形は、クリップボードに保管されるので、ほかのデータを切り取ったり、コピーしたりしない限り、PowerPointを終了するまで、何度でも貼り付けることができます。

3 図形の大きさを変更する

Memo

図形の大きさの変更

図形をクリックして選択すると周りに表示される白いハンドル○にマウスポインターを合わせると、マウスポインターの形が↕↔⇖⇗に変わります。この状態でドラッグすると、図形のサイズを変更することができます。

1 図形をクリックして選択し、

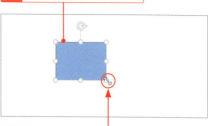

2 マウスポインターを白いハンドルに合わせると、形が⇖に変わるので、

Hint

縦横比を変えずに大きさを変更するには?

[Shift]を押しながら四隅の白いハンドル○をドラッグすると、縦横比を変えずに図形の大きさを変更することができます。

3 ドラッグすると、

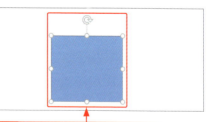

4 図形の大きさが変更されます。

StepUp

サイズを指定して図形の大きさを変更する

サイズを指定して図形の大きさを変更する場合は、図形を選択し、<描画ツール>の<書式>タブの<サイズ>グループにある<図形の高さ>と<図形の幅>に、それぞれ数値を入力します。

4 図形の形状を変更する

1 図形をクリックして選択し、

2 マウスポインターを黄色いハンドルに合わせると、形が▷に変わるので、

> **Memo**
>
> **図形の形状の変更**
>
> 角丸四角形や吹き出し、星、ブロック矢印など、図形の種類によっては、図形の形状を変更するための黄色いハンドル◯が用意されています。

3 ドラッグすると、

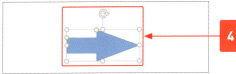

4 図形の形状が変更されます。

5 図形を回転する

1 図形をクリックして選択し、

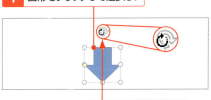

2 マウスポインターを矢印のハンドルに合わせると、形が↻に変わるので、

Memo

ドラッグして図形を回転する

図形を回転させるには、矢印のハンドルⒸにマウスポインターを合わせてドラッグします。図形は、図形の中心を基準に回転します。

また、Shiftを押しながら矢印のハンドルⒸをドラッグすると、15度ずつ回転させることができます。

3 ドラッグすると、

4 図形が回転します。

6 図形を反転する

Memo

図形の反転

図形を選択して、<描画ツール>の<書式>タブの<回転>をクリックし、<上下反転>をクリックすると上下に、<左右反転>をクリックすると左右に、それぞれ反転できます。

1 図形をクリックして選択し、

2 <描画ツール>の<書式>タブをクリックして、

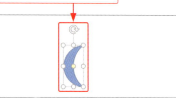

3 <回転>をクリックし、

4 <左右反転>をクリックすると、

| 5 | 図形が左右に反転します。 |

StepUp

図形の種類の変更

作成した図形は、楕円から四角形といったように、あとから種類を変更することができます。
図形の種類を変更するには、右の手順に従います。

| 1 | 図形をクリックして選択し、 |

| 2 | <描画ツール>の<書式>タブの<図形の編集>をクリックして、 |

| 3 | <図形の変更>をポイントし、 |

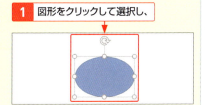

| 4 | 目的の図形(ここでは<角丸四角形>)をクリックすると、 |

| 5 | 図形の種類が変更されます。 |

第3章 オブジェクトの利用

95

Section 26 図形の色を変更する

第3章 » オブジェクトの利用

図形の塗りつぶしと枠線は、それぞれ自由に色を設定することができます。また、あらかじめ用意されているスタイルを設定したり、影や3-D回転などの効果を適用したりすることもできます。

1 図形の塗りつぶしの色を変更する

Hint 線の色を変更するには?

直線や曲線、図形の枠線の色を変更するには、<描画ツール>の<書式>タブの<図形の枠線>をクリックすると表示されるパレットから、目的の色をクリックします。

1 図形をクリックして選択し、

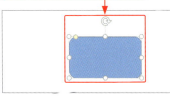

2 <描画ツール>の<書式>タブをクリックして、

3 <図形の塗りつぶし>をクリックし、

Hint 図形を透明にするには?

図形の塗りつぶしの色を透明にするには、手順 **4** で<塗りつぶしなし>をクリックします。

4 目的の色をクリックすると、

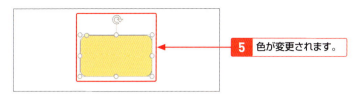

5 色が変更されます。

Memo

グラデーションやテクスチャの設定

図形には、グラデーションやテクスチャを設定することができます。
＜描画ツール＞の＜書式＞タブの＜図形の塗りつぶし＞をクリックし、＜グラデーション＞または＜テクスチャ＞をポイントして、グラデーションやテクスチャの種類をクリックします。

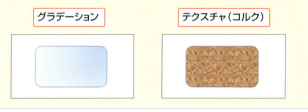

StepUp

線の種類を変更するには？

直線や曲線、図形の枠線の種類を、破線などに変更したい場合は、＜描画ツール＞の＜書式＞タブの＜図形の枠線＞をクリックして、＜実線／点線＞をポイントすると表示される一覧から、目的の線の種類をクリックします。＜その他の線＞をクリックすると、右図の＜図形の書式設定＞作業ウィンドウが表示されるので、詳細な設定を行うことができます。

第3章 オブジェクトの利用

2 図形にスタイルを設定する

1 図形をクリックして選択し、

Memo

図形のスタイルの設定

「スタイル」とは、図形の色や、枠線の色などの書式が、あらかじめ組み合わされたもので、図形をかんたんにデザインできます。

2 <描画ツール>の<書式>タブをクリックして、

3 <図形のスタイル>グループのここをクリックし、

4 目的のスタイルをクリックすると、

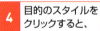

5 スタイルが設定されます。

第3章 オブジェクトの利用

98

3 図形に効果を設定する

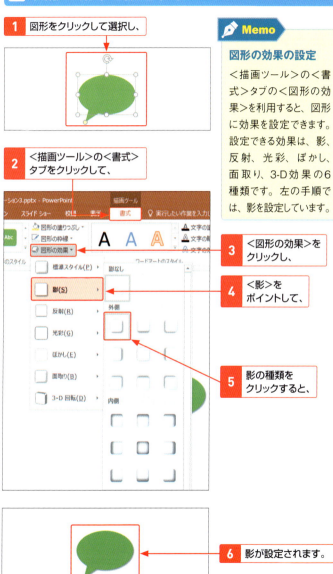

Section 27 図形に文字列を入力する

第3章 >> オブジェクトの利用

四角形やブロック矢印、吹き出しなどの図形には、文字列を入力することができます。また、テキストボックスを利用すると、スライド上の自由な位置に、文字列を配置することができます。

1 作成した図形に文字列を入力する

Hint

文字列の書式を設定するには?

文字の色やサイズ、文字飾りなどの書式は、Sec.11と同様の手順で設定できます。

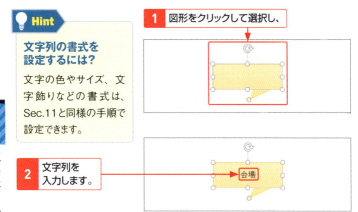

1 図形をクリックして選択し、
2 文字列を入力します。

2 テキストボックスを作成して文字列を入力する

1 <挿入>タブをクリックして、
2 <テキストボックス>をクリックし、
3 <横書きテキストボックス>をクリックします。

| **4** | スライド上をクリックすると、 |

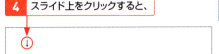

| **5** | テキストボックスが作成されるので、 |

| **6** | 文字列を入力します。 |

> **Memo**
>
> **テキストボックスの作成**
>
> プレースホルダーとは関係なく、スライドに文字列を追加したい場合は、テキストボックスを利用します。
> テキストボックスは、テキスト入力用に書式が設定された図形です。

StepUp

テキストボックスの書式の変更

テキストボックス内の余白や、文字列の垂直方向の配置などを設定するには、テキストボックスを選択し、＜描画ツール＞の＜書式＞タブの＜図形のスタイル＞グループのダイアログボックス起動ツール をクリックします。
＜図形の書式設定＞作業ウィンドウが表示されるので、＜文字のオプション＞をクリックして、＜テキストボックス＞ をクリックし、目的の項目を設定します。

1	＜文字のオプション＞をクリックして、
2	＜テキストボックス＞をクリックし、
3	書式を設定します。

Section 28 複数の図形を操作する

第3章 » オブジェクトの利用

複数の図形を利用する場合、重なり合った図形の順序を変更したり、等間隔に配置したりするなどの操作が可能です。また、複数の図形をグループ化すると、移動などをかんたんに行えます。

1 重なり合った図形の順序を変更する

Memo

図形の順序の変更

図形は、新しく描かれたものほど前面に表示されます。重なった図形の順序を変更したい場合は、右の手順に従います。右の手順では、図形を最前面に移動していますが、＜前面へ移動＞をクリックすると、図形が1段階前に移動します。また、＜背面へ移動＞をクリックすると、図形が1段階後ろに移動します。

1 図形をクリックして選択し、

2 ＜描画ツール＞の＜書式＞タブをクリックして、

3 ＜前面へ移動＞のここをクリックし、

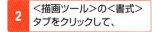

4 ＜最前面へ移動＞をクリックすると、

5 選択した図形が最前面に移動します。

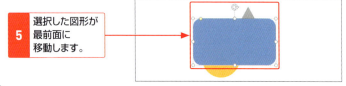

2 複数の図形を等間隔に配置する

1 図形にマウスポインターを合わせ、

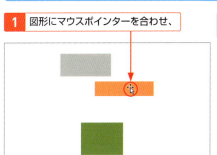

> **Memo**
>
> **コマンドの利用**
>
> 等間隔に配置するすべての図形を選択し、＜描画ツール＞の＜書式＞タブの＜配置＞をクリックして、＜左右に整列＞または＜上下に整列＞をクリックしても、図形を等間隔に揃えることができます。

2 図形の間隔が同じになるようにドラッグすると、

3 等間隔であることを示すスマードガイドが表示されます。

4 その場所でドロップすると、

5 図形が等間隔で配置されます。

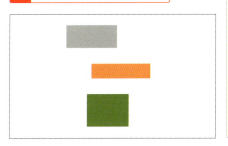

> **Hint**
>
> **複数の図形を整列させるには？**
>
> 複数の図形の端や中央を揃えて整列させたい場合は、揃える図形をすべて選択し、＜描画ツール＞の＜書式＞タブの＜配置＞をクリックして、＜左揃え＞＜左右中央揃え＞＜右揃え＞＜上揃え＞＜上下中央揃え＞＜下揃え＞のいずれかをクリックします。

3 複数の図形をグループ化する

Memo

複数の図形の選択

複数の図形を選択するには、右図のように複数の図形の全体を囲むようにドラッグします。図形の一部を囲むようにドラッグしても、すべての図形は選択されません。また、Shiftまたは Ctrl を押しながら図形をクリックしても、複数の図形を選択できます。

1 複数の図形を囲むようにドラッグすると、

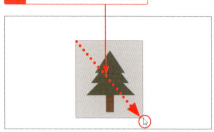

Memo

図形のグループ化

複数の図形の大きさを一括して変更したり、まとめて移動させたりしたい場合は、複数の図形をグループ化して1つの図形のように扱います。

2 複数の図形が選択されます。

Hint

グループ化を解除するには?

グループ化を解除するには、図形をクリックして選択し、<描画ツール>の<書式>タブの<グループ化>をクリックして、<グループ解除>をクリックします。

3 <描画ツール>の<書式>タブをクリックして、

4 <グループ化>をクリックし、

5 <グループ化>をクリックすると、

6 選択した図形がグループ化されます。

Memo

<ホーム>タブの利用

図形のグループ化は、<ホーム>タブの<配置>からも行うことができます。

Hint

<選択>ウィンドウの利用

<ホーム>タブの<選択>をクリックして、<オブジェクトの選択と表示>をクリックすると、<選択>ウィンドウが表示されます。スライド上のオブジェクトが一覧で表示されるので、目的のオブジェクトをクリックして選択できます。背後に隠れて見えない図形を選択するときなどに便利です。

StepUp

図形の結合

<描画ツール>の<書式>タブの<図形の結合>を利用すると、複数の図形を接合したり、型抜きしたりすることができます。<図形の結合>からは、下の5つの項目を選択できます。

元の図形	接合	型抜き／合成

切り出し	重なり抽出	単純型抜き

第3章 オブジェクトの利用

Section 29 図を作成する

第3章 » オブジェクトの利用

「SmartArt」を利用すると、あらかじめ用意されたテンプレートを利用して、**デザインされたワークフローや階層構造、マトリックスなどを示す図**をすばやく作成することができます。

1 SmartArtを挿入する

1 SmartArtを挿入するスライドを表示して、

2 プレースホルダーの＜SmartArtグラフィックの挿入＞をクリックし、

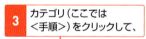

3 カテゴリ（ここでは＜手順＞）をクリックして、

4 目的のレイアウト（ここでは＜強調ステップ＞）をクリックし、

5 ＜OK＞をクリックすると、

6 SmartArtが挿入されます。

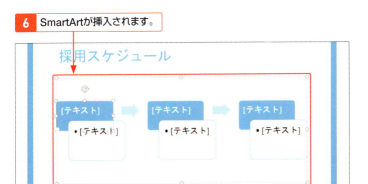

2 SmartArtに文字列を入力する

1 文字列を入力する図形をクリックして選択し、

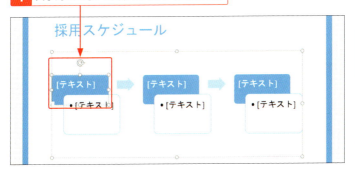

2 文字列を入力します。

3 ほかの図形も同様に文字列を入力します。

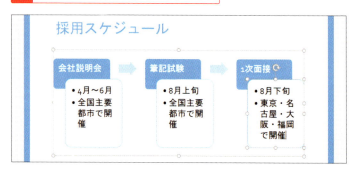

3 図形を追加する

同じレベルの図形の追加

SmartArtに同じレベルの図形を追加するには、図形をクリックして選択し、＜SmartArtツール＞の＜デザイン＞タブの＜図形の追加＞の▼をクリックし、＜後に図形を追加＞または＜前に図形を追加＞をクリックします。

1 図形を追加する部分をクリックして選択し、

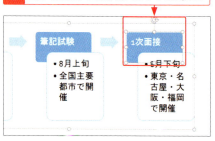

2 ＜SmartArtツール＞の＜デザイン＞タブの＜図形の追加＞のここをクリックして、

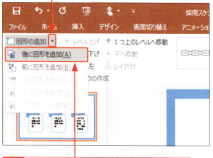

3 ＜後に図形を追加＞をクリックすると、

4 選択した図形の右側に、同じレベルの図形が追加されます。

💡 Hint

レベルの異なる図形を追加するには？

レベルの異なる図形を追加するには、図形をクリックして選択し、＜SmartArtツール＞の＜デザイン＞タブの＜図形の追加＞の▼をクリックし、＜上に図形を追加＞または＜下に図形を追加＞をクリックします。

🚀 StepUp

箇条書きをSmartArtに変換する

入力済みのテキストは、SmartArtに変換することができます。テキストの入力されたプレースホルダーを選択するか、プレースホルダー内にカーソルを移動して、＜ホーム＞タブの＜SmartArtに変換＞をクリックし、レイアウトを選択します。一覧に目的のレイアウトが表示されない場合は、＜その他のSmartArtグラフィック＞をクリックすると、＜SmartArtグラフィックの選択＞ダイアログボックス（P.106参照）が表示されるので、目的のレイアウトをクリックして、＜OK＞をクリックします。

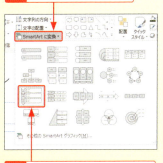

1 ＜ホーム＞タブの＜SmartArtに変換＞をクリックして、

2 レイアウトをクリックします。

第3章 オブジェクトの利用

Section 30 表を作成する

第3章 » オブジェクトの利用

表を作成するには、＜表の挿入＞ダイアログボックスで**列数と行数を指定**し、表の枠組みを作成します。表のセルをクリックすると、文字列を入力できるようになるので、入力します。

1 表を挿入する

1 表を挿入するスライドを表示して、

2 プレースホルダーの＜表の挿入＞をクリックし、

Keyword

列・行・セル

「列」とは表の縦のまとまり、「行」とは横のまとまりのことです。また、表のマス目を「セル」といいます。

3 表の列数と行数を入力して、

4 ＜OK＞をクリックすると、

Memo

＜挿入＞タブから表を挿入する

＜挿入＞タブの＜表＞をクリックすると表示されるマス目をドラッグして、行数と列数を指定することができます。

1 ＜挿入＞タブをクリックして、

2 ＜表＞をクリックし、

3 目的の行数と列数が選択されるようにドラッグします。

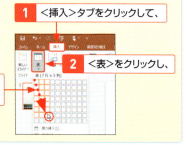

5 表の枠組みが作成されます。

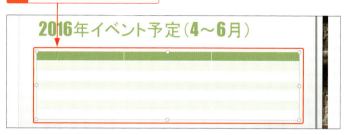

2 セルに文字列を入力する

1 目的のセルをクリックしてカーソルを移動し、

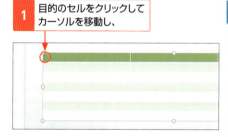

2 文字列を入力します。

Memo

**キー操作による
セル間の移動**

カーソルを移動するには、目的のセルをクリックするか、キーボードの↑↓←→を押します。
また、Tabを押すと右（次）のセルへ移動し、Shiftを押しながらTabを押すと、左（前）のセルへ移動します。

3 同様の手順で、ほかのセルにも文字列を入力します。

Section 31 表を編集する

第3章 » オブジェクトの利用

表の枠組みは、**行や列を追加・削除**することができますし、**行や列、表のサイズも変更**できます。表を編集する場合は、＜表ツール＞の＜デザイン＞タブと＜レイアウト＞タブを利用します。

1 行を追加する

Hint 列を挿入するには？

列を挿入するには、セルにカーソルを移動して、＜表ツール＞の＜レイアウト＞タブの＜左に列を挿入＞または＜右に列を挿入＞をクリックします。

1 セルをクリックしてカーソルを移動し、

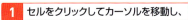

Hint 行や列を削除するには？

行や列を削除するには、削除したい行や列にカーソルを移動して、＜表ツール＞の＜レイアウト＞タブの＜削除＞をクリックし、＜行の削除＞または＜列の削除＞をクリックします。

2 ＜表ツール＞の＜レイアウト＞タブの＜下に行を挿入＞をクリックすると、

3 カーソルがある行の下側に行が追加されます。

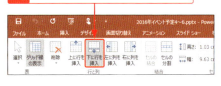

4 文字列を入力します。

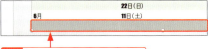

2 複数のセルを1つに結合する

1 複数のセルをドラッグして選択し、

> 💡 **Hint**
>
> **表を削除するには？**
>
> 表を削除するには、表の枠線にマウスポインターを合わせ、形が ✥ に変わったらクリックして表全体を選択し、Delete または BackSpace を押します。

2 <表ツール>の<レイアウト>タブをクリックして、

3 <セルの結合>をクリックすると、

4 セルが結合されます。

> 🔖 **StepUp**
>
> **セルの分割**
>
> 1つのセルを複数のセルに分割するには、セルにカーソルを移動し、<表ツール>の<レイアウト>タブの<セルの分割>をクリックします。<セルの分割>ダイアログボックスが表示されるので、分割後の行数と列数を入力し、<OK>をクリックします。

5 同様にセルを結合します。

第3章 オブジェクトの利用

3 列の幅を調整する

1 マウスポインターを縦の罫線に合わせると、形が ⊦⊦ に変わるので、

2 ドラッグすると、

3 列の幅が変わります。

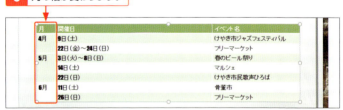

💡 Hint

行の高さを調整するには？

横の罫線にマウスポインターを合わせると、形が ⊤ に変わります。この状態で上下にドラッグすると、行の高さを変更することができます。

4 表のサイズを調整する

1 表をクリックして選択し、

2 マウスポインターをハンドルに合わせ、

3 ドラッグすると、

4 表のサイズが変わります。

> 💡 **Hint**
>
> **複数の列の幅や行の高さを揃えるには？**
>
> 複数の行の列の幅や行の高さをそろえるには、ドラッグして列または行を選択し、＜表ツール＞の＜レイアウト＞タブの＜幅を揃える＞または＜高さを揃える＞をクリックします。

5 セル内の文字列の配置を設定する

1 目的のセルをドラッグして選択し、

2 ＜表ツール＞の＜レイアウト＞タブをクリックして、

3 ＜中央揃え＞をクリックすると、

4 文字列がセルの左右中央に配置されます。

Memo

セル内の文字列の配置

セル内の文字列の横位置は、＜表ツール＞の＜レイアウト＞タブの＜左揃え＞、＜中央揃え＞、＜右揃え＞から変更できます。また、＜ホーム＞タブでも変更できます。

Hint

セル内の文字列の縦位置を変更するには？

セル内の文字の縦位置は、＜表ツール＞の＜レイアウト＞タブの＜上揃え＞、＜上下中央揃え＞、＜下揃え＞から変更できます。

6 セル内の文字列を縦書きにする

1 目的のセルをドラッグして選択し、

2 <表ツール>の<レイアウト>タブをクリックして、

3 <文字列の方向>をクリックし、

4 <縦書き(半角文字含む)>をクリックすると、

5 セル内の文字列が縦書きになります。

Section 32 グラフを作成する

第3章 » オブジェクトの利用

PowerPointでは、棒グラフ、折れ線グラフなど、**多くの種類のグラフをかんたんに作成**できます。ワークシートにデータを入力すると、リアルタイムでスライド上のグラフに反映されます。

1 グラフを挿入する

1 グラフを挿入するスライドを表示して、

2 プレースホルダーの<グラフの挿入>をクリックし、

支社別売上高(10～12月

- テキストを入力

3 グラフの種類をクリックして、

4 目的のグラフをクリックし、

5 <OK>をクリックすると、

> **Memo**
>
> **<挿入>タブからのグラフの挿入**
>
> <挿入>タブの<グラフ>をクリックしても、<グラフの挿入>ダイアログボックスが表示され、スライドにグラフを挿入することができます。

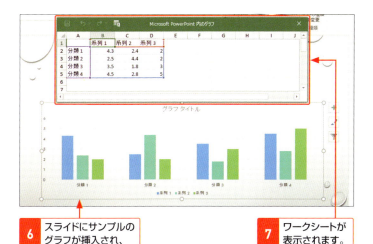

| 6 | スライドにサンプルのグラフが挿入され、 |
| 7 | ワークシートが表示されます。 |

2 データを入力する

1 データを入力するセルをクリックして、

> **Memo**
>
> **データの入力**
>
> ワークシートのセルをクリックして入力すると、そのセルのデータすべてを書き換えることができます。
> また、セルをダブルクリックしてから修正する文字列をドラッグして選択し、データを修正すると、文字単位で挿入や削除が行えます。

2 データを入力し、

3 Enterを押して入力を確定すると、

4 データの変更がグラフに反映されます。

5 同様にすべてのデータを入力します。

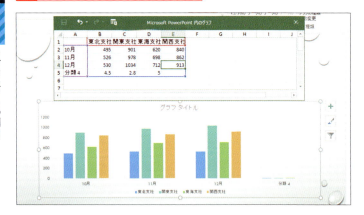

Memo

データ範囲が自動的に調整される

ワークシートの青い枠線で囲まれたデータがグラフに反映されます。青い枠線の外側の隣接したセルにデータを入力したり、列や行を挿入したりすると、青い枠線が自動的に拡張されます。

3 不要なデータを削除する

1 不要な行の行番号を右クリックして、　**2** <削除>をクリックすると、

3 行が削除され、　**4** データがグラフに反映されます。

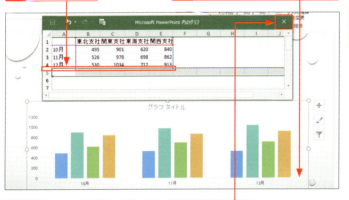

5 <閉じる>をクリックして、ワークシートを閉じます。

💡 Hint

再度ワークシートを表示するには？

再度ワークシートを表示するには、グラフを選択し、<グラフツール>の<デザイン>タブの<データの編集>をクリックし、<データの編集>をクリックします。

Section 33 グラフを編集する

第3章 » オブジェクトの利用

スライドに挿入したグラフのタイトルや軸ラベルなどのグラフ要素は、表示/非表示を切り替えたり、書式や設定を変更したりすることができます。

1 グラフの構成要素

Keyword

グラフ要素

グラフを構成する要素のことを「グラフ要素」といいます。
グラフ要素の表示/非表示や書式設定を必要に応じて変更すると、より見やすいグラフを作成することができます。

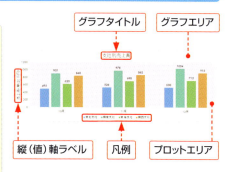

Keyword

データマーカーとデータ系列

グラフ内の値を表す部分を「データマーカー」、同じ項目を表すデータマーカーの集まりを「データ系列」といいます。

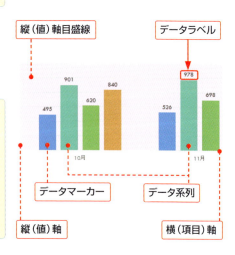

2 グラフ要素の表示／非表示を切り替える

1 グラフをクリックして選択し、

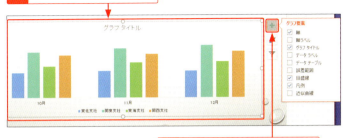

2 ＜グラフ要素＞をクリックして、

3 ＜グラフタイトル＞をオフにすると、

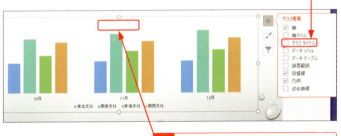

4 グラフタイトルが非表示になります。

📝 Memo

グラフ要素の表示／非表示

グラフ要素の表示／非表示を切り替えるには、グラフを選択すると右上に表示される＜グラフ要素＞ + をクリックして、表示するグラフ要素をオンにします。
また、＜グラフツール＞の＜デザイン＞タブの＜グラフ要素を追加＞からも設定できます。

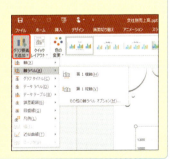

第3章 オブジェクトの利用

123

💡 Hint

軸ラベルを移動するには?

軸ラベルの位置を変更するには、軸ラベルを選択し、枠線にマウスポインターを合わせて、目的の位置へドラッグします。

5 <軸ラベル>をポイントして、

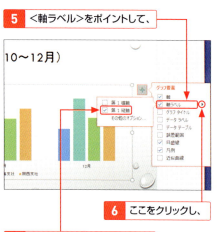

6 ここをクリックし、

7 <第1縦軸>をオンにすると、

🔼 StepUp

軸ラベルの書式を変更する

軸ラベルのフォントサイズやフォントの種類、フォントの色などの書式は、<ホーム>タブで変更できます。

8 第1縦軸の軸ラベルが表示されるので、文字列をドラッグして選択し、

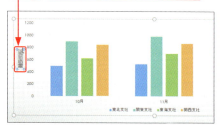

💡 Hint

軸ラベルを縦書きにするには?

軸ラベルを縦書きにするには、軸ラベルを選択し、<ホーム>タブの<文字列の方向>をクリックして、<縦書き>または<縦書き(半角文字含む)>をクリックします。

9 文字列を入力します。

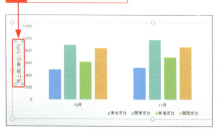

10 <データラベル>をポイントして、

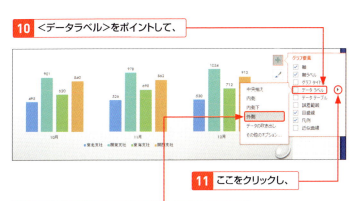

11 ここをクリックし、

12 データラベルを表示させる場所をクリックすると、

13 データラベルが表示されます。

14 <グラフ要素>をクリックしてメニューを非表示にします。

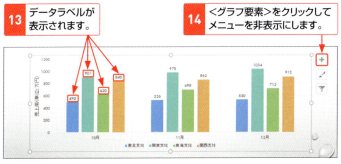

第3章 オブジェクトの利用

💡 Hint

パーセンテージを表示するには?

円グラフなどで、データラベルに値ではなくパーセンテージを表示したい場合は、手順**10**の画面で<その他のオプション>をクリックします。<データラベルの書式設定>作業ウィンドウが表示されるので、<ラベルの内容>の<パーセンテージ>をオンにします。

<パーセンテージ>をオンにします。

125

Section 34 数式を挿入する

第3章 » オブジェクトの利用

PowerPointには、**数式を挿入**することができます。円の面積やピタゴラスの定理などの9種類の公式があらかじめ用意されているほか、**記号や分数などを組み合わせて作成**することもできます。

1 数式を入力する

1 数式を挿入する位置をクリックしてカーソルを移動し、

2 <挿入>タブの<数式>のここをクリックして、

3 <ここに数式を入力します。>が選択された状態で、

4 <数式ツール>の<デザイン>タブをクリックし、

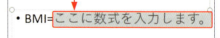

5 <分数>をクリックして、

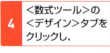

6 目的の分数をクリックすると、

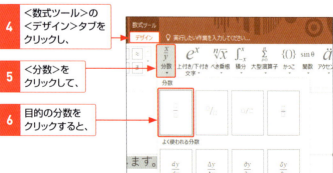

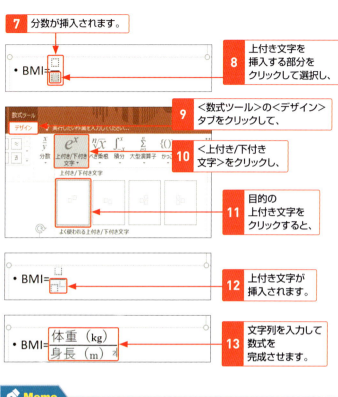

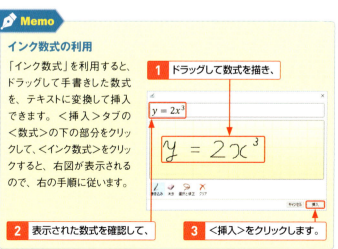

インク数式の利用

「インク数式」を利用すると、ドラッグして手書きした数式を、テキストに変換して挿入できます。＜挿入＞タブの＜数式＞の下の部分をクリックして、＜インク数式＞をクリックすると、右図が表示されるので、右の手順に従います。

Section 35 Excelから表やグラフを挿入する

第3章 » オブジェクトの利用

スライドには、Excelで作成した表やグラフをコピーして貼り付けることができます。<リンク貼り付け>を利用すると、元のExcelファイルを編集したときに、スライドの表やグラフも更新されます。

1 Excelの表をそのまま貼り付ける

1 Excelの表をドラッグして選択し、

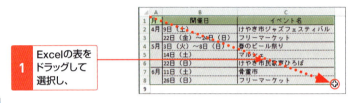

2 <ホーム>タブをクリックして、

3 <コピー>をクリックします。

Hint
Excelのグラフをコピーするには？
Excelのグラフをコピーするには、グラフをクリックして選択し、手順 2 以降の操作を行います。

4 PowerPointで貼り付けるスライドを表示して、

5 <ホーム>タブをクリックし、

6 <貼り付け>のここをクリックして、

7 <元の書式を保持>をクリックすると、

8 Excelの表が元の書式のまま貼り付けられます。

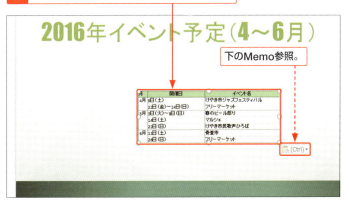

下のMemo参照。

 Memo

貼り付けのオプションの選択

左ページの手順 **7** では、貼り付けのオプションを、＜貼り付け先のスタイルを使用＞、＜元の書式を保持＞、＜埋め込み＞、＜図＞、＜テキストのみ保持＞から選択します。ここでは、Excelの表の書式を適用するため、＜元の書式を保持＞をクリックします。

なお、貼り付けのオプションは、＜ホーム＞タブの＜貼り付け＞のアイコン部分をクリックして貼り付けたあと、表の右下に表示される＜貼り付けのオプション＞からも選択できます。

第3章 オブジェクトの利用

1 クリックして、

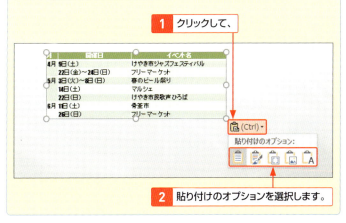

2 貼り付けのオプションを選択します。

2 Excelとリンクした表を貼り付ける

1 P.128の手順 1 ～ 4 を参考に、Excelの表をコピーしてPowerPointで貼り付けるスライドを表示し、

2 <ホーム>タブをクリックして、

3 <貼り付け>のここをクリックし、

4 <形式を選択して貼り付け>をクリックします。

5 <リンク貼り付け>をクリックして、

6 <Microsoft Excelワークシートオブジェクト>をクリックし、

7 <OK>をクリックすると、

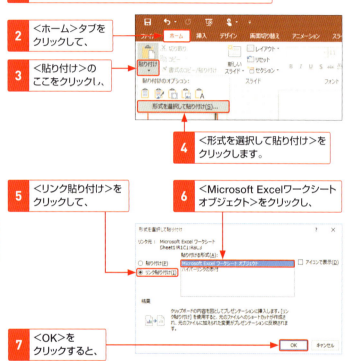

8 Excelの表がリンク貼り付けされます。

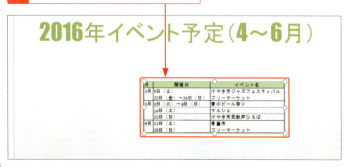

第4章

アニメーションの設定

Section 36　画面切り替え効果を設定する
Section 37　アニメーション効果を設定する
Section 38　アニメーション効果を変更する
Section 39　アニメーション効果の例

Section 36 第4章 » アニメーションの設定

画面切り替え効果を設定する

スライドが次のスライドに切り替わるときに、「**画面切り替え効果**」というアニメーション効果を設定すると、プレゼンテーションに変化をつけることができます。

1 スライドに画面切り替え効果を設定する

1 画面切り替え効果を設定するスライドを表示して、

2 <画面切り替え>タブをクリックし、

3 <画面切り替え>グループのここをクリックして、

📝 Memo

アニメーション効果

スライドにアニメーション効果を設定すると、表現力豊かなプレゼンテーションを作成できます。アニメーション効果には、「画面切り替え効果」と「(オブジェクトの) アニメーション効果」(Sec.37参照) の2種類があります。

4 目的の画面切り替え効果（ここでは<ボックス>）をクリックすると、

5 画面切り替え効果が設定されます。

画面切り替え効果が設定された
スライドには、アイコンが表示されます。

> 🔑 **Keyword**
>
> **画面切り替え効果**
>
> 「画面切り替え効果」とは、スライドから次のスライドへ切り替わる際に、画面に変化を与えるアニメーション効果のことです。スライドが立体的に回転して切り替わる「ボックス」をはじめとする47種類から選択できます。

> 💡 **Hint**
>
> **画面切り替え効果を削除するには？**
>
> 設定した画面切り替え効果を削除するには、目的のスライドを表示して、手順 **4** の画面を表示し、<なし>をクリックします。

2 画面切り替え効果のオプションを設定する

1 画面切り替え効果のオプションを設定するスライドを表示して、

2 ＜画面切り替え＞タブをクリックし、

3 ＜効果のオプション＞をクリックして、

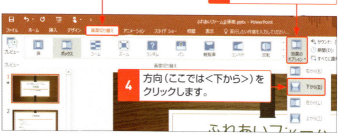

4 方向（ここでは＜下から＞）をクリックします。

5 ＜すべてに適用＞をクリックすると、

StepUp

画面切り替え効果のスピードの設定

画面切り替え効果のスピードを設定するには、＜画面切り替え＞タブの＜期間＞で、画面切り替え効果にかかる時間を指定します。数値が小さいと、スピードが速くなります。

StepUp

スライドが切り替わる時間の設定

画面切り替え効果を設定した直後の状態では、スライドショー実行中に画面をクリックすると、次のスライドに切り替わります。指定した時間で次のスライドに自動的に切り替わるようにするには、＜画面切り替え＞タブの＜自動的に切り替え＞をオンにし、横のボックスで切り替えまでの時間を指定します。

6 すべてのスライドに同じ画面切り替え効果が適用されます。

> **Memo**
>
> **＜効果の
> オプション＞の設定**
>
> 設定している画面切り替え効果の種類によって、＜効果のオプション＞に表示される項目は異なります。

3 画面切り替え効果を確認する

1 ＜画面切り替え＞タブをクリックして、

2 ＜プレビュー＞をクリックすると、

3 画面切り替え効果を確認できます。

Section 37 アニメーション効果を設定する

第4章 >> アニメーションの設定

オブジェクトに注目を集めるには、「アニメーション効果」を設定して動きをつけます。このセクションでは、テキストが滑り込んでくる「スライドイン」のアニメーション効果を設定します。

1 オブジェクトにアニメーション効果を設定する

1 アニメーション効果を設定するプレースホルダーの枠線をクリックして選択し、

2 <アニメーション>タブをクリックして、

3 <アニメーション>グループのここをクリックし、

4 目的のアニメーション効果（ここでは＜スライドイン＞）をクリックすると、

5 アニメーションが再生され、アニメーション効果が設定されます。

下の「Memo」参照。

> **Memo**
>
> ### アニメーション効果の種類
>
> アニメーション効果には、大きくわけて次の4種類があります。
> ① ＜開始＞
> オブジェクトを表示するアニメーション効果を設定します。
> ② ＜強調＞
> スピンなど、オブジェクトを強調させるアニメーション効果を設定します。
> ③ ＜終了＞
> オブジェクトを消すアニメーション効果を設定します。
> ④ ＜アニメーションの軌跡＞
> オブジェクトを自由に動かすアニメーション効果を設定します。

> **Memo**
>
> ### アニメーションの再生順序
>
> アニメーション効果を設定すると、スライドのオブジェクトの左側にアニメーションの再生順序が数字で表示されます。アニメーション効果は、設定した順に再生されます。
> なお、この再生順序は、＜アニメーション＞タブ以外では非表示になります。

2 アニメーションの方向を設定する

1 ＜アニメーション＞タブをクリックして、

2 アニメーション効果の再生順序をクリックして選択し、

Memo
アニメーション効果の選択

アニメーション効果を選択するには、＜アニメーション＞タブをクリックして、目的のアニメーション効果の再生順序をクリックします。

Memo
アニメーションの方向の変更

「スライドイン」や「ワイプ」など、一部のアニメーション効果では、オブジェクトが動く方向を設定できます。
なお、＜効果のオプション＞に表示される項目は、設定しているアニメーション効果によって異なります。

3 ＜効果のオプション＞をクリックして、

4 目的の方向をクリックすると、アニメーションの方向が変更されます。

3 アニメーション効果を確認する

1 <アニメーション>タブをクリックして、

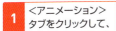

2 <プレビュー>のここをクリックすると、

3 アニメーション効果を確認できます。

💡 Hint

アニメーション効果を削除するには？

アニメーション効果を削除するには、<アニメーション>タブをクリックして、目的のアニメーション効果の再生順序をクリックし、P.137の手順 **4** の画面を表示して、<なし>をクリックします。

🔖 StepUp

<開始効果の変更>ダイアログボックスの利用

P.137の手順 **4** の画面で、アニメーション効果の一覧に目的のアニメーション効果がない場合は、<その他の開始効果>をクリックします。<開始効果の変更>ダイアログボックスが表示されるので、目的のアニメーション効果をクリックし、<OK>をクリックします。

1 目的のアニメーション効果をクリックし、

2 <OK>をクリックします。

第4章 アニメーションの設定

Section 38 　第4章 » アニメーションの設定

アニメーション効果を変更する

標準ではスライドショー実行時にスライドをクリックすると、アニメーションが開始されますが、**開始のタイミング**や**表示されるテキストの量**を変更することができます。

1 アニメーションの開始のタイミングを変更する

1 ＜アニメーション＞タブをクリックして、

2 アニメーション効果の再生順序をクリックして選択し、

> 📝 **Memo**
>
> **アニメーションの開始のタイミングの変更**
>
> オブジェクトに設定したアニメーション効果は、再生を開始するタイミングを変更することができます。選択できる項目は、次のとおりです。
> ① ＜クリック時＞
> スライドショーの再生時に、画面上をクリックすると再生されます。
> ② ＜直前の動作と同時＞
> 直前に再生されるアニメーションと同時に再生されます。
> ③ ＜直前の動作の後＞
> 直前に再生されるアニメーションのあとに再生されます。前のアニメーションが終了してから次のアニメーションが再生されるまでの時間は、＜遅延＞で指定できます。

| 3 | <開始>のここをクリックして、 | 4 | 目的のタイミングをクリックし、 |

> **StepUp**
>
> **アニメーションの速度を変更する**
>
> <アニメーション>タブの<継続時間>では、アニメーションの再生速度を設定できます。数値が大きいほど、再生速度が遅くなります。

| 5 | <遅延>で再生開始までの時間を指定します。 |

2 一度に表示されるテキストの段落レベルを変更する

| 1 | プレースホルダーの枠線をクリックして選択し、 |

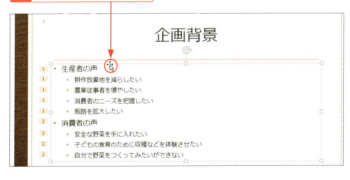

| 2 | <アニメーション>タブをクリックして、 |

| 3 | <アニメーション>グループのここをクリックします。 |

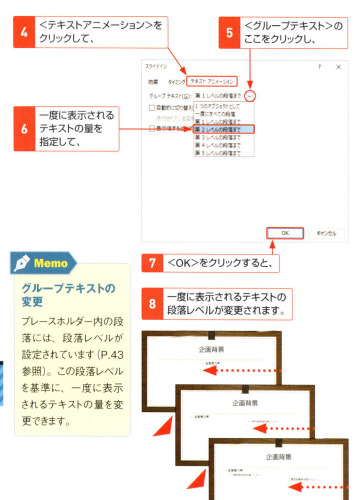

4 <テキストアニメーション>をクリックして、

5 <グループテキスト>のここをクリックし、

6 一度に表示されるテキストの量を指定して、

7 <OK>をクリックすると、

8 一度に表示されるテキストの段落レベルが変更されます。

📝 Memo

グループテキストの変更

プレースホルダー内の段落には、段落レベルが設定されています（P.43参照）。この段落レベルを基準に、一度に表示されるテキストの量を変更できます。

第4章 アニメーションの設定

🔼 StepUp

テキストが文字単位で表示されるようにする

アニメーション効果を設定したテキストが文字単位で表示されるようにするには、手順 **4** の画面で<効果>をクリックし、<テキストの動作>で<文字単位で表示>を選択して、<OK>をクリックします。

142

3 アニメーション効果をコピーする

1 アニメーション効果をコピーするオブジェクトをクリックして選択し、

2 ＜アニメーション＞タブをクリックして、

3 ＜アニメーションのコピー/貼り付け＞をクリックします。

4 貼り付け先のスライドをクリックし、

5 アニメーション効果を貼り付けたいオブジェクトをクリックすると、アニメーション効果が貼り付けられます。

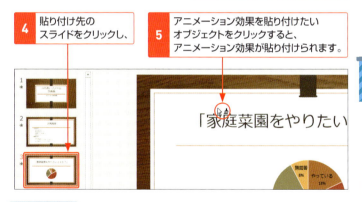

StepUp

アニメーション効果を複数のオブジェクトに設定する

コピーしたアニメーション効果を複数のオブジェクトに貼り付けたい場合は、手順 **3** で＜アニメーション＞タブの＜アニメーションのコピー/貼り付け＞をダブルクリックし、貼り付け先のオブジェクトをすべてクリックします。貼り付けが終了したら、[Esc]を押すと、マウスポインターの形が元に戻ります。

Section 39 アニメーション効果の例

第4章 » アニメーションの設定

PowerPointには**多くのアニメーション効果**が用意されているので、どれを選んでよいのか迷ってしまうことも多いと思います。ここではいくつか具体例を紹介します。

1 文字が拡大表示されたあと消えるようにする

● 開始:ズーム(オブジェクトの中央)+終了:フェード

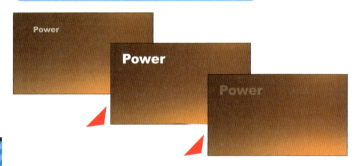

2 円グラフを時計回りに表示させる

● 開始:ホイール(1スポーク)

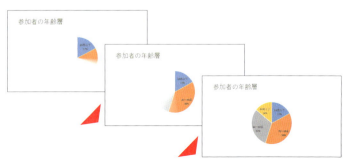

第5章

プレゼンテーションの実行

Section 40　ノートを利用する
Section 41　スライドを切り替えるタイミングを設定する
Section 42　スライドを印刷する
Section 43　スライドショーを実行する
Section 44　ペンツールでプレゼンテーション中に説明を入れる

Section 40 ノートを利用する

第5章 》プレゼンテーションの実行

スライドショーの実行中に使用する発表者用のメモや参考資料などは、「ノート」としてノートペインに入力します。ノートは、スライドショーの実行中に発表者にだけ表示することができます。

1 ノートペインにノートを入力する

📝 Memo

ノートペインの表示

ノートペインは、＜表示＞タブの＜表示＞グループの＜ノート＞、またはステータスバーの＜ノート＞をクリックしても表示させることができます。

1 スライドウィンドウの下の境界線にマウスポインターを合わせ、

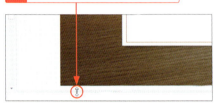

2 ドラッグすると、ノートペインが表示されます。

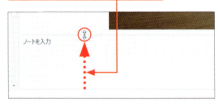

3 ノートペインをクリックすると、文字を入力できる状態になるので、

左上の「Memo」参照。

4 文字列を入力します。

2 ノート表示モードに切り替える

1 <表示>タブをクリックして、

2 <プレゼンテーションの表示>グループの<ノート>をクリックすると、

3 ノート表示モードに切り替わります。

> **Hint**
>
> **編集画面に戻るには?**
>
> ノート表示モードから元のスライド編集画面(標準表示モード)に戻るには、<表示>タブの<標準>をクリックします。

クリックすると、編集できます。

Section 41 スライドを切り替えるタイミングを設定する

第5章 >> プレゼンテーションの実行

スライドショーを実行する際に、自動的にアニメーションを再生したり、スライドを切り替えたい場合は、リハーサル機能を利用してそれらのタイミングを設定します。

1 リハーサルを行って切り替えのタイミングを設定する

Memo

リハーサル機能の利用

リハーサル機能を利用すると、実際にスライドの画面を見ながら、スライドごとにアニメーションを再生するタイミングやスライドを切り替えるタイミングを設定することができます。

1 <スライドショー>タブをクリックして、

2 <リハーサル>をクリックすると、

3 スライドショーのリハーサルが開始されます。

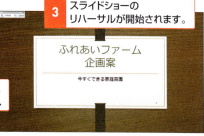

4 必要な時間が経過したら、スライドをクリックすると、

Memo

タイミングの設定

リハーサルを行う際には、本番と同じように説明を加えながら、スライドをクリックするか、左上に表示される<記録中>ツールバー(右ページ下の「Memo」参照)の<次へ>→をクリックして、アニメーションを再生したり、スライドを切り替えたりします。最後のスライドが表示し終わったあとに、切り替えのタイミングを記録すると、それが各スライドの表示時間として設定されます。

5 アニメーションが再生されたり、スライドが切り替わったりします。

6 同様にスライドをクリックして、最後のスライドが表示されるまで、同じ操作を繰り返します。

7 最後のスライドのタイミングを設定すると、この画面が表示されるので、

8 ＜はい＞をクリックすると、

📝 Memo

アニメーションの再生

オブジェクトにアニメーション効果が設定されている場合は、スライドをクリックするたびに、アニメーションが再生されます。表示されているスライド上に設定されているアニメーションがすべて再生されてから、さらにクリックすると、次のスライドに切り替わります。

💡 Hint

リハーサルを中止するには？

リハーサルを中止するには、[Esc]を押します。手順 **7** の画面が表示されるので、＜いいえ＞をクリックします。

📝 Memo

＜記録中＞ツールバーの利用

リハーサル中は、画面に＜記録中＞ツールバーが表示されます。

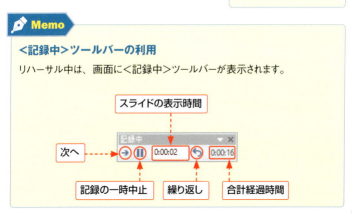

第5章 プレゼンテーションの実行

Hint

切り替えのタイミングを削除するには？

設定した切り替えのタイミングを削除するには、＜スライドショー＞タブの＜スライドショーの記録＞の下側をクリックして、＜クリア＞をポイントし、＜現在のスライドのタイミングをクリア＞または＜すべてのスライドのタイミングをクリア＞をクリックします。

9 スライドの切り替えとアニメーションの再生のタイミングが保存されます。

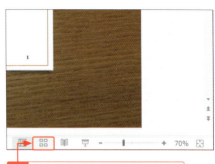

10 ＜スライド一覧＞をクリックすると、

11 スライド一覧表示モードに切り替わり、

12 スライドの表示時間を確認できます。

Hint

自動的に切り替わらないようにするには？

＜画面切り替え＞タブの＜自動的に切り替え＞をオフにすると、タイミングの設定が無効になり、そのスライドは自動的に切り替わらなくなります。この場合、スライドショー実行中にスライドをクリックすると、次のスライドを表示することができます。なお、設定したタイミングを削除する場合（左上の「Hint」参照）とは異なり、＜自動的に切り替え＞をオンにすると、再度タイミングの設定が有効になります。

2 時間を入力して切り替えのタイミングを設定する

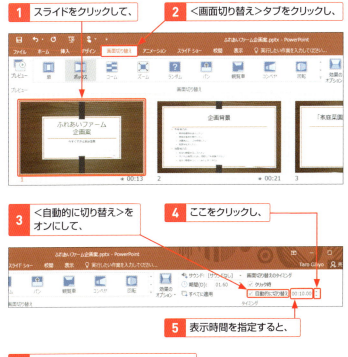

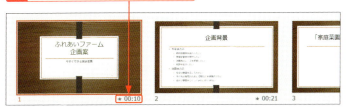

Hint

すべてのスライドに同じタイミングを設定するには?

<画面切り替え>タブの<すべてに適用>をクリックすると、すべてのスライドに同じタイミングを設定することができます。

Section 42

第5章 » プレゼンテーションの実行

スライドを印刷する

プレゼンテーションを行う際に、あらかじめスライドの内容を印刷したものを資料として参加者に配布しておくと、参加者は内容を理解しやすくなります。

1 スライドを1枚ずつ印刷する

1 <ファイル>タブをクリックして、

2 <印刷>をクリックし、

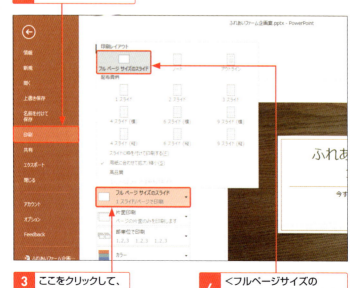

3 ここをクリックして、

4 <フルページサイズの スライド>をクリックします。

5 ここをクリックして、

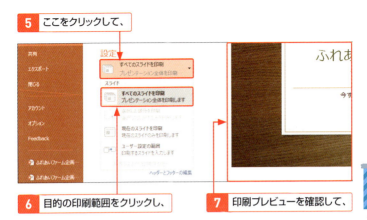

6 目的の印刷範囲をクリックし、

7 印刷プレビューを確認して、

8 印刷部数を指定し、

9 <印刷>をクリックすると、

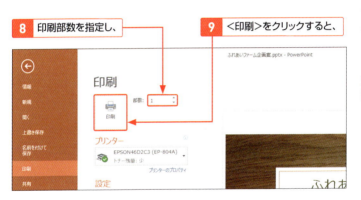

10 印刷が実行されます。

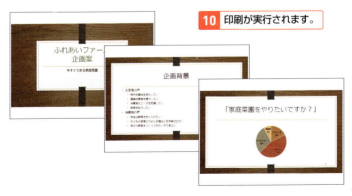

2 ノートを印刷する

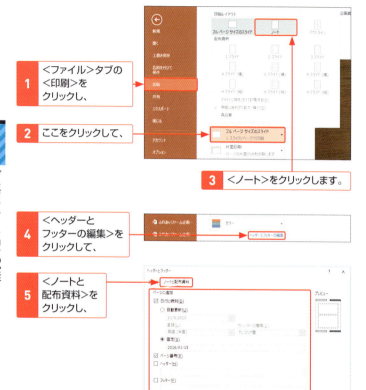

1. <ファイル>タブの<印刷>をクリックし、
2. ここをクリックして、
3. <ノート>をクリックします。
4. <ヘッダーとフッターの編集>をクリックして、
5. <ノートと配布資料>をクリックし、
6. ヘッダー・フッターに追加する項目を設定して、
7. <すべてに適用>をクリックすると、

💡 Hint

配布資料を印刷するには?

複数のスライドを1枚の用紙に配置して配布資料を印刷するには、手順 3 の画面で、1枚の用紙に印刷したいスライドの枚数を選択します。<3スライド>を選択した場合のみ、スライドの横にメモ用の罫線が表示されます。

8 設定した項目がヘッダー・フッターに挿入されます。

9 印刷部数を指定し、

10 <印刷>をクリックすると、印刷が実行されます。

Memo

印刷プレビューの利用

<ファイル>タブの<印刷>画面の右側には、印刷プレビューが表示され、印刷したときのイメージを確認できます。

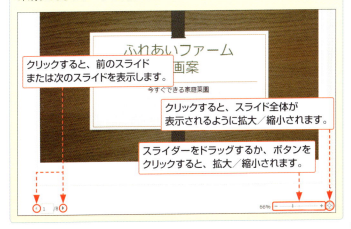

クリックすると、前のスライドまたは次のスライドを表示します。

クリックすると、スライド全体が表示されるように拡大／縮小されます。

スライダーをドラッグするか、ボタンをクリックすると、拡大／縮小されます。

第5章 プレゼンテーションの実行

Section 43 スライドショーを実行する

第5章 » プレゼンテーションの実行

作成したスライドを1枚ずつ表示していくことを、「スライドショー」といいます。パソコンを利用してプレゼンテーションを行う場合、一般的にはプロジェクターを接続します。

1 発表者ツールを使用する

1 パソコンとプロジェクターを接続します。

2 ＜スライドショー＞タブをクリックして、

3 ＜発表者ツールを使用する＞をオンにし、

4 ＜最初から＞をクリックすると、

5 スライドショーが開始されます。

プロジェクターからスライドショーが投影されます。

パソコンには発表者ツールが表示されます（P.158下の「Hint」参照）。

2 スライドショーを進行する

1 スライドショーを開始しています。

発表者ツール
スライドショー

2 切り替えのタイミングを設定していると、自動的にスライドが切り替わり、スライドショーが進行します。

3 スライドショーが終わると、黒い画面が表示されるので、

4 スライド上をクリックすると、編集画面に戻ります。

Memo

アニメーションの再生やスライドの切り替え

リハーサル機能などで切り替えのタイミングを設定している場合は、スライドショーを実行すると、自動的にアニメーションが再生されたり、スライドが切り替わったりします（Sec.41参照）。
手動でスライドを切り替える場合は、画面上をクリックするか、Nを押します。また、発表者ツールの ● でもスライドを切り替えることができます。

Hint

前のスライドを表示するには？

前のスライドを表示するには、Pを押すか、発表者ツールの ● をクリックします。

第5章 プレゼンテーションの実行

3 スライドを拡大表示する

💡 Hint

発表者ツールを使用しない場合は?

スライドショーを実行するときに、発表者ツールを利用しない場合は、＜スライドショー＞タブの＜発表者ツールを使用する＞をオフにします。

1 スライドショーを開始しています。

2 ここをクリックし、

✒ Memo

スライドの拡大表示

スライドを拡大表示するには、発表者ツールの🔍をクリックします。マウスポインターの形が⊕に変わるので、スライド上の拡大したい部分をクリックすると、拡大表示されます。拡大表示すると、マウスポインターの形が✋に変わるので、ドラッグしてスライドを移動できます。

💡 Hint

発表者ツールが表示されない場合は?

プロジェクターを接続していない場合や、P.156の手順に従ってもパソコンに発表者ツールが表示されず、スライドショーが表示される場合は、スライド上を右クリックして、ショートカットメニューの＜発表者ビューを表示＞をクリックするか、右の手順に従います。

1 ここをクリックして、

2 ＜発表者ビューを表示＞をクリックします。

3 拡大したい部分をクリックすると、

4 スライドが拡大して表示されます。

5 ここをクリックすると、元に戻ります。

📝 Memo

スライドショーの開始方法

スライドショーを開始する方法は、P.156の手順以外に F5 を押す方法もあります。この場合、常に最初のスライドからスライドショーが開始されます。

また、＜スライドショー＞タブの＜現在のスライドから＞をクリックするか、ウィンドウ右下の＜スライドショー＞ 🖵 をクリックすると、現在表示されているスライドからスライドショーが開始されます。

第5章 プレゼンテーションの実行

📝 Memo

スライドショーのヘルプの表示

発表者ツールまたはスライドショー表示で ● をクリックし、＜ヘルプ＞をクリックすると、＜スライドショーのヘルプ＞ダイアログボックスが表示されます。スライドショー実行時やリハーサル時などに利用できるショートカットキーを確認することができます。

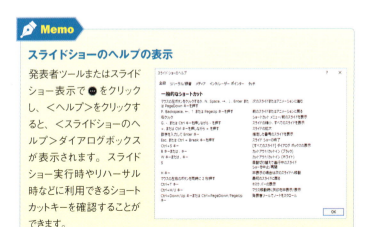

4 目的のスライドを表示する

💡 Hint

スライドショーを中止するには？

スライドショーを中止するには、発表者ツールで左上に表示される＜スライドショーの終了＞をクリックするか、[Esc]を押します。

1 スライドショーを開始しています。

2 ここをクリックすると、

3 スライドの一覧が表示されるので、

4 表示したいスライドをクリックすると、

💡 Hint

スライドショーの途中で黒い画面を表示するには？

スライドショーの途中で[B]を押すと、スライドショーが一時停止して黒い画面が表示され、再度[B]を押すと、スライドショーが再開されます。また、[W]を押すと、白い画面が表示されます。

5 目的のスライドが表示されます。

発表者ツールの利用

発表者ツールでは、スライドの切り替えやスライドショーの中断、再開、終了などを行うことができます。

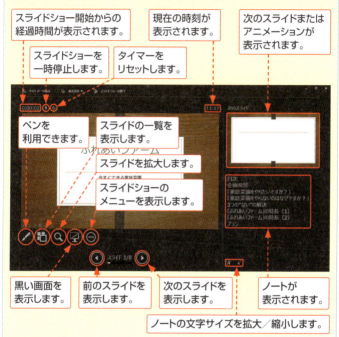

スライドショー表示での操作

スライドショー表示の画面左下のアイコンを利用すると、スライドショーの進行や各種設定を行うことができます。
なお、スライドショーの実行中は、マウスポインターが非表示になりますが、マウスを大きく動かすと、マウスポインターとアイコンが表示されます。各アイコンの役割は、発表者ツールと同様です。

画面左下にアイコンが表示されます。

Section 44 ペンツールでプレゼンテーション中に説明を入れる

第5章 » プレゼンテーションの実行

スライドショーの実行中にペンを利用すると、スライドに線を引いたり、文字を書き込んだりすることができます。書き込んだ内容は保存することも可能です。

1 ペンでスライドに書き込む

Memo
ペンの選択
ペンを使用する際には、ペンの種類を<ペン>または<蛍光ペン>から選択します。

1. スライドショーを開始しています。

2. ここをクリックして、
3. 目的のペンの種類をクリックし、

StepUp
インクの色の設定
手順3のあと、再度手順3の画面を表示し、<インクの色>をポイントして、目的の色をクリックすると、ペンのインクの色を設定できます。

4. ドラッグすると、スライドに書き込むことができます。

Hint
マウスポインターを矢印に戻すには?
マウスポインターを矢印に戻すには、Escを押します。

5. スライドショーを終了すると、メッセージが表示されるので、

6. 書き込みを保持するかどうか選択します。

第6章

ファイルの共有

Section 45　OneDriveにファイルを保存する
Section 46　OneDriveの基本的な操作
Section 47　PowerPoint Onlineを利用する
Section 48　ほかのユーザーとファイルを共有する
Section 49　共有リンクを設定する

Section 45

第6章 >> ファイルの共有

OneDriveにファイルを保存する

マイクロソフトのオンラインストレージサービス「OneDrive」にファイルを保存すると、ほかのパソコンやスマートフォンから閲覧・編集したり、複数のユーザーと共有したりすることができます。

1 ファイルをOneDriveに保存する

Keyword

OneDrive

「OneDrive」は、マイクロソフトが提供しているオンラインストレージサービスで、ファイルをインターネット上に保存することができます。なお、OneDriveを利用するには、Microsoftアカウントを取得する必要があります。

● PowerPointから保存する

1 <ファイル>タブをクリックして、

2 <名前を付けて保存>をクリックし、

3 <OneDrive-個人用>をクリックして、

4 <(ユーザー名)さんのOneDrive>をクリックします。

5 保存先を指定して、　　　　　**6** ファイル名を入力し、

7 <保存>をクリックすると、OneDriveに保存されます。

ファイルサイズとインターネット環境によっては、アップロードに時間がかかります。

Memo

OneDriveへの保存

OneDriveに保存したプレゼンテーションファイルは、Webブラウザーから閲覧・表示することができるので、外出先からファイルにアクセスすることも可能です。
また、複数のユーザーと共有することもできます。

Memo

保存先の選択

<名前を付けて保存>ダイアログボックスでは、ファイルを保存するOneDriveのフォルダーを指定します。OneDriveには、<Documents>と<Pictures>の2つのフォルダーがあらかじめ用意されています。

エクスプローラーからファイルをアップロードする

1 エクスプローラーで目的のファイルが保存されているフォルダーを表示し、

2 目的のファイルをクリックして選択し、

Hint

ファイルを移動するには?

ファイルを移動する場合は、手順 4 で<移動先>をクリックして、<場所の選択>をクリックします。

3 <ホーム>タブをクリックして、

4 <コピー先>をクリックし、

5 <場所の選択>をクリックします。

6 <OneDrive>をクリックして、

7 保存先のフォルダーをクリックし、

8 <コピー>をクリックすると、ファイルがアップロードされます。

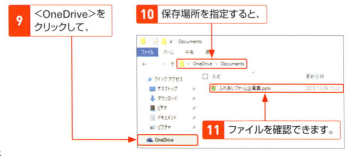

9 <OneDrive>をクリックして、

10 保存場所を指定すると、

11 ファイルを確認できます。

2 ファイルをPowerPointで開く

1. <ファイル>タブの<開く>をクリックして、
2. <OneDrive-個人用>をクリックし、

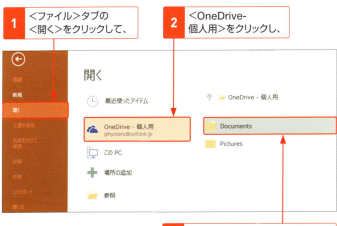

3. 目的のフォルダーをクリックして、

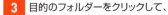

4. 目的のファイルをクリックすると、

5. ファイルが開きます。

3 ファイルをWebブラウザーで表示する

1 Microsoft Edgeを起動して、「http://onedrive.live.com」にアクセスします。

2 目的のフォルダーをクリックして、

3 目的のファイルをクリックすると、

💡 Hint

サインイン画面が表示される場合は？

手順**1**のあと、下のような画面が表示される場合は、＜サインイン＞をクリックして、画面の指示に従い、Microsoftアカウントとパスワードを入力してサインインします。

4 ファイルが表示されます。

ここをクリックしてタブを閉じると、ファイルが閉じます。

Memo

エクスプローラーからオンラインでファイルを開く

エクスプローラーからも、OneDriveに保存されているプレゼンテーションをWebブラウザーで開くことができます。

1 <OneDrive>をクリックして、
2 保存場所を指定し、
3 目的のファイルを右クリックして、

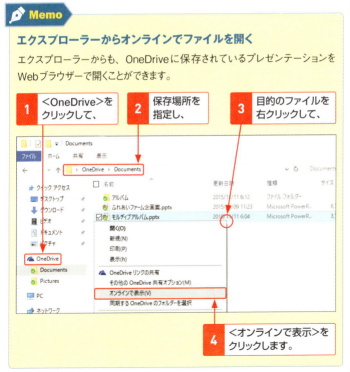

4 <オンラインで表示>をクリックします。

Section 46 第6章 » ファイルの共有

OneDriveの基本的な操作

OneDriveでは、Webブラウザー上で新しくフォルダーを作成したり、ファイルやフォルダーを移動・コピーしたり、ファイルをアップロードしたりすることができます。

1 フォルダーを作成する

Memo

新規フォルダーの作成

新しくフォルダーを作成するには、フォルダーを作成する場所（右の手順では＜Documents＞フォルダー）を表示してから右の手順に従います。

1. Microsoft Edgeを起動して、「http://onedrive.live.com」にアクセスします。
2. ＜新規＞をクリックして、
3. ＜フォルダー＞をクリックし、

4. フォルダー名を入力して、
5. ＜作成＞をクリックすると、

2 ファイルを移動する

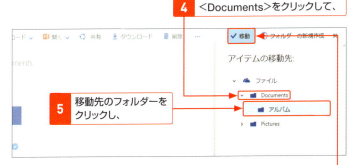

7 ファイルが移動し、メッセージが表示されます。

1アイテムを アルバム に移動しました

3 ファイルをアップロードする

1 <アップロード>を クリックして、

2 <ファイル>を クリックし、

💡 Hint

フォルダーを アップロードするには?

フォルダーをOneDrive にアップロードするには、手順 **2** で<フォルダー>をクリックします。

3 ファイルの保存場所を指定して、

4 目的のファイルを クリックし、

5 <開く>をクリックすると、 アップロードされます。

4 ファイルをダウンロードする

1 目的のファイルをポイントして、ここをクリックし、

2 <ダウンロード>をクリックすると、ダウンロードが開始されます。

3 ダウンロードが完了すると、メッセージが表示されます。

ファイルを開きます。

保存されているフォルダーを開きます。

ダウンロードの履歴を表示します。

Section 47

第6章 >> ファイルの共有

PowerPoint Onlineを利用する

PowerPoint Onlineを利用すると、OneDriveに保存したプレゼンテーションファイルを、Webブラウザー上で編集することができます。

1 ファイルを編集する

1 Microsoft Edgeを起動して、プレゼンテーションファイルを開きます(P.168参照)。

2 <プレゼンテーションの編集>をクリックして、

3 <PowerPoint Onlineで編集>をクリックすると、

4 コマンドが表示され、編集が行えるようになります。

5 プレースホルダーの枠線をクリックして選択し、

6 <ホーム>タブをクリックして、

7 <フォントの色>のここをクリックし、

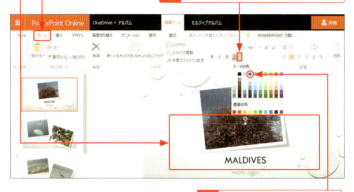

8 目的の色をクリックすると、

9 フォントの色が変わります。

Memo

保存は自動的に行われる

PowerPoint Onlineでは、プレゼンテーションファイルは自動的に保存されるため、上書き保存のコマンドは用意されていません。

2 新規プレゼンテーションを作成する

1 ファイルを作成したいフォルダーを表示して、

2 <新規>をクリックし、

3 <PowerPointプレゼンテーション>をクリックすると、

4 新規プレゼンテーションが作成されます。

5 <ファイル>タブをクリックして、

6 <名前を付けて保存>をクリックし、

7 <名前の変更>をクリックして、

8 ファイル名を入力し、

9 <OK>をクリックすると、

10 ファイル名が変更されます。

Section 48 第6章 >> ファイルの共有

ほかのユーザーと
ファイルを共有する

OneDriveに保存したプレゼンテーションファイルは、**ほかのユーザーと共有**して、**閲覧・編集**してもらうことができます。このセクションでは、相手に**電子メールでリンクを送る**方法を解説します。

1 ユーザーを招待する

● PowerPointから招待する

1 OneDriveに保存してあるプレゼンテーションをPowerPointで開き（P.167参照）、

2 <共有>をクリックして、

3 電子メールアドレスを入力し、

4 共有の設定を行って（下の「Memo参照」）、

5 メッセージを入力し、

6 <共有>をクリックすると、

Memo 共有の設定

手順 2 の画面のプルダウンメニューでは、表示も編集も可能な<編集可能>か、表示はできるが編集はできない<表示可能>のいずれかを選択します。

| 7 | 共有が設定されて、相手のメールアドレスにメールが送信されます。 | 8 | 共有しているユーザーと共有設定が表示されます。 |

● Webブラウザーからユーザーを招待する

| 1 | 目的のファイルをポイントして、ここをクリックし、 | 2 | <共有>をクリックします。 |

Memo

Webブラウザーでファイルを開いている場合

Webページでプレゼンテーションファイルを開いている場合は、ウィンドウ右上の<共有する>をクリックします。

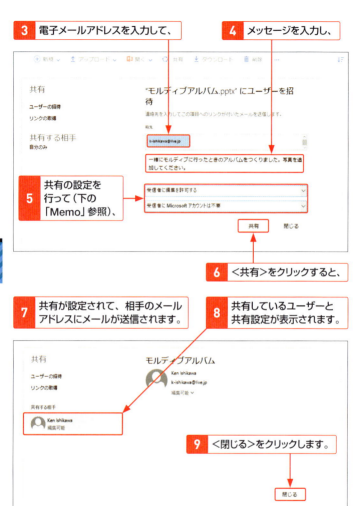

Memo

共有の設定

手順 5 の画面の下のプルダウンメニューでは、共有相手がファイルを編集する際、Microsoft アカウントへのログインを求めるかどうかを選択することができます。

2 共有されたファイルを閲覧する

1 共有した際に送信されたメールを開いて、

2 共有ファイルへのリンクをクリックすると、

3 Webブラウザーが起動し、PowerPoint Onlineで表示されます。

💡 Hint

表示のみ許可されている場合は?

表示のみ許可されている場合は、手順 3 の画面の＜プレゼンテーションの編集＞は表示されずに、＜PowerPointで開く＞が表示されます。

Section **49** 第6章 » ファイルの共有

共有リンクを設定する

OneDriveに保存したプレゼンテーションファイルに共有リンクを設定して、電子メールやSNS、Webページなどに URL を貼り付けると、ほかのユーザーとファイルを共有することができます。

1 PowerPointで共有リンクを設定する

1 OneDriveに保存してあるプレゼンテーションをPowerPointで開き（P.167参照）、

2 ＜共有＞をクリックして、

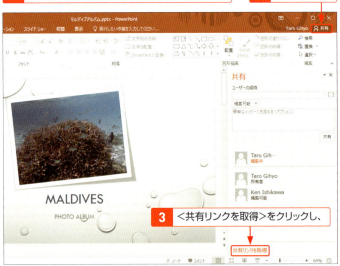

3 ＜共有リンクを取得＞をクリックし、

Memo

共有リンクの種類の設定

PowerPointの＜共有＞作業ウィンドウでは、プレゼンテーションの表示・閲覧を行える「編集リンク」と、表示のみ行える「表示のみのリンク」の2種類の共有リンクを設定できます。

4 <編集リンクの作成>をクリックすると、

💡 Hint

表示のみのリンクを取得するには?

表示のみのリンクを取得するには、手順4の画面で<表示のみのリンクの作成>をクリックします。

5 編集リンクのURLが表示されます。

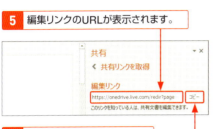

6 <コピー>をクリックすると、URLがコピーされます。

✏ Memo

共有リンクの表示

共有リンクを受け取ったユーザーは、リンクをWebブラウザーで開くと、PowerPoint Onlineで、ファイルの閲覧や編集ができます。

💡 Hint

共有リンクを無効にするには?

設定した共有リンクを無効にするには、<共有>作業ウィンドウで<編集リンクが設定されたすべてのユーザー>または<表示リンクが設定されたすべてのユーザー>を右クリックし、<リンクを無効にする>をクリックします。

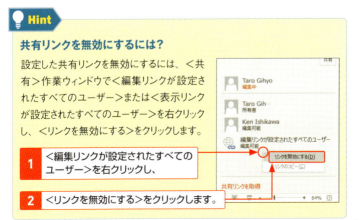

1 <編集リンクが設定されたすべてのユーザー>を右クリックし、

2 <リンクを無効にする>をクリックします。

第6章 ファイルの共有

2 OneDriveで共有リンクを設定する

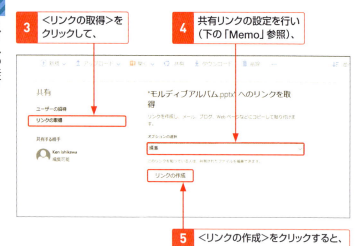

> **Memo**
>
> **共有リンクの種類の設定**
>
> 手順4では、共有リンクの種類を選択します。プレゼンテーションの表示・閲覧を行えるようにするには<編集>を、表示のみ行えるようにするには<表示のみ>を選択します。

6 編集リンクのURLが表示されます。

7 <リンクを短縮>をクリックすると、

8 短縮URLが表示されるので、選択してコピーします。

9 <閉じる>をクリックします。

Hint

別のリンクを作成するには？

編集リンクを作成したあとに、表示のみのリンクを作成するには、手順 **6** の画面で<別のリンクを作成>をクリックします。

StepUp

共有リンクを無効にするには？

設定した共有リンクを無効にするには、手順 **6** の画面で、<この編集リンクを受け取った人>(<この表示リンクを受け取った人>)をクリックし、<リンクの削除>をクリックします。

覚えておくと便利なショートカットキー一覧

●基本操作

キー	動作
Ctrl + N	新規プレゼンテーションの作成
Ctrl + F12	＜ファイルを開く＞ダイアログボックスの表示
Ctrl + P	＜印刷＞パネルの表示
Ctrl + S	上書き保存
F12	＜名前を付けて保存＞ダイアログボックスの表示
Ctrl + W	プレゼンテーションを閉じる
F5	最初のスライドからスライドショーを開始
Shift + F5	現在のスライドからスライドショーを開始
F1	＜PowerPoint 2016ヘルプ＞ウィンドウの表示
Alt + F4	PowerPoint 2016の終了

●スライドウィンドウでのデータの入力・編集

キー	動作
Ctrl + Z	直前の操作の取り消し
Ctrl + Y	取り消した操作のやり直し、または直前の操作の繰り返し
Ctrl + C	選択範囲のコピー
Ctrl + X	選択範囲の切り取り
Ctrl + V	コピー／切り取ったデータの貼り付け
Ctrl + M	新しいスライドの挿入
Ctrl + F	文字列の検索
Ctrl + H	文字列の置換
F7	スペルチェック
Shift + F9	グリッドの表示／非表示の切り替え
Alt + F9	ガイドの表示／非表示の切り替え

● アウトラインでの操作

キー	操作
[Alt] + [Shift] + [←]	段落レベルを上げる
[Alt] + [Shift] + [→]	段落レベルを下げる
[Alt] + [Shift] + [↑]	選択した段落を上に移動
[Alt] + [Shift] + [↓]	選択した段落を下に移動
[Ctrl] + [A]	すべてのテキストの選択

● テキスト・オブジェクトの選択

キー	操作
[Shift] + [↑]	選択範囲を1行上へ拡張
[Shift] + [↓]	選択範囲を1行下へ拡張
[Shift] + [←]	選択範囲を1文字左へ拡張
[Shift] + [→]	選択範囲を1文字右へ拡張
[Ctrl] + [Shift] + [←]	選択範囲を1単語左へ拡張
[Ctrl] + [Shift] + [→]	選択範囲を1単語右へ拡張

● スライドショーの操作

キー	操作
[N] / [Enter] / [↓] / [→]	次のスライドに進む
[P] / [BackSpace] / [↑] / [←]	前のスライドに戻る
[1]を押してから[Enter]	最初のスライドを表示
数字を押してから[Enter]	指定した数字のスライドを表示
[G] / [−] / [Ctrl] + [−]	スライドの縮小表示またはすべてのスライドの表示
[+] / [Ctrl] + [+]	スライドの拡大表示
[S]	自動実行中のスライドショーの停止/再開
[Esc]	スライドショーの終了
[B] / [.]	黒い画面の表示
[W] / [,]	白い画面の表示
[Ctrl] + [P]	マウスポインターをペンに変更
[Ctrl] + [A]	マウスポインターを矢印ポインターに変更
[Shift] + [F10]	ショートカットメニューの表示

INDEX 索引

数字・アルファベット

1行目のインデント	55
1枚書類	19
Excel	128
OneDrive	164
PDF	34
PowerPoint	18
PowerPoint 97-2003形式	35
PowerPoint Online	174
ppt	35
pptx	33
SmartArt	106
thmx	70
YouTube	79

あ行

アウトライン表示モード	24, 42
新しいスライド	60
新しいプレゼンテーション	21
アップロード	165, 172
アニメーション効果	132
アニメーション効果の種類	137
アニメーション効果を確認する	139
アニメーション効果をコピーする	143
アニメーション効果を設定する	136
アニメーションの開始のタイミング	140
アニメーションの再生順序	137
アニメーションの速度	141
アニメーションの方向	138
インク数式	127
印刷	152
印刷プレビュー	155
インデント	54
インデントマーカー	52, 55
上書き保存	33
閲覧表示モード	25
オーディオ	84
オブジェクトの選択と表示	105
オンライン画像	76
オンラインで表示	169

か行

改行	43, 44
拡張子	35
影	99
箇条書き	43, 50
箇条書きをSmartArtに変換する	109
下線	47
画像	76
画像のサイズ	81
画像を挿入する	76
画像をトリミングする	80
画像を編集する	80
画面切り替え効果	132
画面構成	22
起動	20
行	110
行の削除	112
行の高さ	114
行を挿入	112
行間	49
行頭文字	50
共有	178
共有リンク	182
曲線	88
切り取り	90
均等割り付け	49
クイックアクセスツールバー	22
グラデーション	97
グラフ	118, 128
グラフを編集する	122
グラフタイトル	123
グラフ要素	122
繰り返し	31
クリップボード	91

グループ	26
効果	66, 99
互換性チェック	35
コネクタ	89
コピー	91, 128
コマンド	26

さ行

最近使ったアイテム	38
サムネイルウィンドウ	22
軸ラベル	124
時刻	56
自動調整オプション	45
自動的に切り替え	151
斜体	47
終了	21
招待	178
新規プレゼンテーション	21, 40, 176
数式	126
ズームスライダー	22
スクリーンショット	77
図形	86
図形に文字列を入力する	100
図形の色	96
図形の大きさを変更する	92
図形の間隔	103
図形の形状を変更する	93
図形の結合	105
図形の効果	99
図形の種類の変更	95
図形の順序	102
図形のスタイル	98
図形の塗りつぶし	96
図形の枠線	88, 96
図形を移動する	90
図形を回転する	93
図形をグループ化する	104
図形をコピーする	91
図形を作成する	86
図形を反転する	94
図形を連結する	89
スタイル	47, 98
ステータスバー	22
スライド	23
スライドに書き込む	162
スライドの縦横比	41
スライドのデザイン	64
スライドのレイアウト	61
スライドを移動する	62
スライドを印刷する	152
スライドを拡大表示する	158
スライドをコピーする	59
スライドを削除する	63
スライドを挿入する	60
スライドを縦向きにする	41
スライドを複製する	58
スライド一覧表示モード	25, 62
スライドウィンドウ	22
スライドショー	156
スライドショーの記録	150
スライドショーのヘルプ	159
スライドショーを中止する	160
スライドタイトル	42
スライド番号	57
スライドマスター	68
セル	110
セルの結合	113
セルの分割	113
セル内の文字列の配置	116
線の色	96
線の種類	97

た行

ダイアログボックス	27
タイトルバー	22
タイミング	148
ダウンロード	173
楕円	86

縦書き	117	左インデント	55
タブ	26	左揃え	49
タブ位置	53	日付	56
段落の配置	49	ビデオ	78
段落番号	51	ビデオの音量	82
段落レベル	43, 142	ビデオの挿入	78
段落レベルを変更する	44	ビデオをトリミングする	82
中央揃え	49	ビデオを編集する	82
直線	87	表	110, 128
データ系列	122	表のサイズ	115
データマーカー	122	描画モードのロック	87
データラベル	125	表示モード	24
テーマ	40	標準表示モード	24
テーマの保存	70	開く	37, 167
テーマを変更する	64	ファイル名拡張子	35
テキスト	42	フォント	46, 66
テキストアニメーション	142	フォントの色を変更する	48
テキストボックス	100	フォントの種類	46
テクスチャ	97	フォントを変更する	46
動画	79	フォントサイズを変更する	47
閉じる	36	フッター	56
取り消し線	47	太字	47
トリミング	80, 82	ぶら下げインデント	55

な行

名前を付けて保存	32, 164
ノート	146
ノートを印刷する	154
ノート表示モード	25, 147

は行

背景のスタイル	67
配色	65
ハイパーリンク	78
配布資料	154
発表者ツール	156, 161
バリエーション	40, 65
貼り付け	90, 91, 128
貼り付けのオプション	59, 129

(続き)

プレースホルダー	45
プレゼンテーション	18
プレゼンテーションの編集	174
プレゼンテーションを作成する	40
プレゼンテーションを閉じる	36
プレゼンテーションを開く	37
プレゼンテーションを保存する	32
プレビュー	135, 139
プロジェクター	156
ヘッダーとフッター	56, 154
ペン	162
保存	32, 164

ま行

右揃え	49
面取り	74

文字の影	47
文字の効果	74
文字の塗りつぶし	73
文字の輪郭	73
元に戻す	30

や行

矢印	87
やり直し	31

ら行

ライセンス認証	21
リハーサル	148
リボン	22
リボンのカスタマイズ	27
リボンの表示オプション	26
両端揃え	49
リンク貼り付け	130
ルーラー	52
レイアウト	60, 69
列	110
列の削除	112
列の幅	114
列を挿入	112

わ行

ワークシート	119
ワードアート	72

■ お問い合わせの例

FAX

1 お名前
技評 太郎

2 返信先の住所またはFAX番号
03-××××-××××

3 書名
今すぐ使えるかんたんmini
PowerPoint 2016 基本技

4 本書の該当ページ
143ページ

5 ご使用のOSとソフトウェアのバージョン
Windows 10 Pro
PowerPoint 2016

6 ご質問内容
手順3でコマンドを
選択できない

お問い合わせについて

本書に関するご質問については、本書に記載されている内容に関するもののみとさせていただきます。本書の内容と関係のないご質問につきましては、一切お答えできませんので、あらかじめご了承ください。また、電話でのご質問は受け付けておりませんので、必ずFAXか書面にて下記までお送りください。
なお、ご質問の際には、必ず以下の項目を明記していただきますようお願いいたします。

1 お名前
2 返信先の住所またはFAX番号
3 書名
　（今すぐ使えるかんたんmini
　PowerPoint 2016 基本技）
4 本書の該当ページ
5 ご使用のOSとソフトウェアのバージョン
6 ご質問内容

なお、お送りいただいたご質問には、できる限り迅速にお答えできるよう努力いたしておりますが、場合によってはお答えするまでに時間がかかることがあります。また、回答の期日をご指定なさっても、ご希望にお応えできるとは限りません。あらかじめご了承くださいますよう、お願いいたします。
ご質問の際に記載いただきました個人情報は、回答後速やかに破棄させていただきます。

今すぐ使えるかんたんmini
PowerPoint 2016 基本技

2016年2月5日　初版　第1刷発行

著者●稲村 暢子
発行者●片岡 巌
発行所●株式会社 技術評論社
　　　　東京都新宿区市谷左内町21-13
　　　　電話　03-3513-6150　販売促進部
　　　　　　　03-3513-6160　書籍編集部

装丁●田邉 恵里香
本文デザイン●Kuwa Design
DTP●稲村 暢子
編集●宮崎 主哉
製本／印刷●図書印刷株式会社

定価はカバーに表示してあります。

落丁・乱丁がございましたら、弊社販売促進部までお送りください。交換いたします。
本書の一部または全部を著作権法の定める範囲を超え、無断で複写、複製、転載、テープ化、ファイルに落とすことを禁じます。

©2016　技術評論社

ISBN978-4-7741-7841-7 C3055

Printed in Japan

問い合わせ先

〒162-0846
東京都新宿区市谷左内町21-13
株式会社技術評論社　書籍編集部
「今すぐ使えるかんたんmini
PowerPoint 2016 基本技」質問係

FAX番号　03-3513-6167

URL：http://book.gihyo.jp